职业安全与健康防护科普丛书

电力行业人员篇

指导单位　国家卫生健康委职业健康司 应急管理部宣传教育中心
组织编写　新乡医学院 中国职业安全健康协会

总主编◎任文杰
顾　问◎刘　耀
主　审◎李浴峰
主　编◎樊毫军　曹春霞
副主编◎张　蛟　付少波　王　致　赵广志

编　者（按姓氏笔画排序）
丁美荣　王　致　韦红莲　卢　鲁　付少波　刘　涛
刘　鑫　刘姝昱　李　季　李　振　李　悦　李　娟
张　明　张　海　张　蛟　张　璐　陈　影　陈太球
周永洪　赵艳艳　胡云朋　唐侍豪　曹春霞　曹晶淼
梁嘉斌　董文龙　舒　彬　廖　阳　樊毫军

人民卫生出版社
·北京·

图书在版编目（CIP）数据

职业安全与健康防护科普丛书. 电力行业人员篇 /
樊毫军，曹春霞主编. —北京：人民卫生出版社，
2022.9

ISBN 978-7-117-33527-0

I. ①职… Ⅱ. ①樊… ②曹… Ⅲ. ①电力工业 – 劳
动保护 – 基本知识 – 中国 ②电力工业 – 劳动卫生 – 基本知
识 – 中国 Ⅳ. ① X9 ② R13

中国版本图书馆 CIP 数据核字（2022）第 160760 号

人卫智网	www.ipmph.com	医学教育、学术、考试、健康，
		购书智慧智能综合服务平台
人卫官网	www.pmph.com	人卫官方资讯发布平台

职业安全与健康防护科普丛书——电力行业人员篇
Zhiye Anquan yu Jiankang Fanghu Kepu Congshu
——Dianli Hangye Renyuan Pian

主　　编：樊毫军　曹春霞
出版发行：人民卫生出版社（中继线 010-59780011）
地　　址：北京市朝阳区潘家园南里 19 号
邮　　编：100021
E - mail：pmph @ pmph.com
购书热线：010-59787592　010-59787584　010-65264830
印　　刷：北京顶佳世纪印刷有限公司
经　　销：新华书店
开　　本：710×1000　1/16　　印张：13
字　　数：163 千字
版　　次：2022 年 9 月第 1 版
印　　次：2023 年 1 月第 1 次印刷
标准书号：ISBN 978-7-117-33527-0
定　　价：60.00 元
打击盗版举报电话：010-59787491　E-mail：WQ @ pmph.com
质量问题联系电话：010-59787234　E-mail：zhiliang @ pmph.com
数字融合服务电话：4001118166　E-mail：zengzhi @ pmph.com

《职业安全与健康防护科普丛书》

指导委员会

主　任

王德学　教授级高级工程师，中国职业安全健康协会

副主任

范维澄　院士，清华大学

袁　亮　院士，安徽理工大学

武　强　院士，中国矿业大学（北京）

郑静晨　院士，中国人民解放军总医院

委　员

吴宗之　研究员，国家卫健委职业健康司

赵苏启　教授级高工，国家矿山安全监察局事故调查和统计司

李　峰　教授级高工，国家矿山安全监察局非煤矿山安全监察司

何国家　教授级高工，国家应急管理部宣教中心

马　骏　主任医师，中国职业安全健康协会

《职业安全与健康防护科普丛书》

编写委员会

总 主 编 任文杰

副总主编（按姓氏笔画排序）

王如刚　吴　迪　邹云锋　张　涛　洪广亮

姚三巧　曹春霞　韩　伟　焦　玲　樊毫军

编　委（按姓氏笔画排序）

丁　凡　王　剑　王　致　牛东升　付少波

兰　超　任厚丞　严　明　李　琴　李硕彦

杨建中　张　蛟　周启甫　赵广志　赵瑞峰

侯兴汉　姜恩海　袁　龙　徐　军　徐晓燕

高景利　涂学亮　黄世文　黄敏强　彭　阳

董定龙

总序

近年来国家出台、修订了《中华人民共和国安全生产法》《中华人民共和国职业病防治法》等一系列的法律法规，为职业场所工作人员筑起一道道的"防火墙"，彰显了党和政府对劳动者安全和健康的高度重视。随着这些法律法规的贯彻落实，我国的职业安全健康工作逐渐呈现出规范化、制度化和科学化。

职业健康危害是人类社会面临的一个既古老又现代的课题。一方面，由于产业工人文化程度较低，对职业安全隐患及健康危害因素的防范意识较差，缺乏职业危害及安全隐患的基本知识和防范技能，劳动者的职业安全与健康问题十分突出；另一方面，伴随工业化、现代化和城市化的快速发展，各类灾害事故，特别是职业场所事故灾难呈多发频发趋势，严重威胁着职业场所劳动者的健康。因此，亟须出版一套适合各行业从业人员的职业安全与健康防护的科普书籍，用来指导产业工人掌握职业安全与健康防护的知识、技能，学会辨识危险源，掌握自救互救技能。这对保护广大劳动者身心健康具有重要的指导意义。

本丛书由领域内专家学者和企业技术人员共同编写而成。编写人员分布在涉及职业安全与健康的各行业，均为长期从事职业安全和职业健康工作的业务骨干。丛书编写以全民健康、创造安全健康职业环境为目标，紧密结合行业的生产工艺流程、职业安全隐患及职业危害的特征，同时兼顾职业场所突发自然灾害和事故灾难情境下的应急处置，丛书的编写填补了业界空白，也阐述了科普对职业健康的重要性。

本丛书根据行业、职业特点，全方位、多因素、全生命周期地考虑职业人群的健康问题，总主编为新乡医学院任文杰校长。本套丛书分为八个分册，分册一为消防行业人员篇，由应急总医院张涛、上海消防医院吴迪主编；分册二为矿山行业人员篇，由新乡医学院任文杰、姚三巧主编；分册三为建筑行业人员篇，由深圳大学总医院韩伟主编；分册四为电力行业人员篇，由天津大学樊毫军、曹春霞主编；分册五为石化行业人员篇，由北京市疾病预防控制中心王如刚主编；分册六为放射行业人员篇，由中国医学科学院放射医学研究所焦玲主编；分册七为生物行业人员篇，由广西医科大学邹云锋主编；分册八为交通运输业人员篇，由温州医科大学洪广亮主编。

本丛书尽可能地面向全部职业场所人群，力求符合各行各业读者的需求，集科学性、实用性和可读性于一体，相信本丛书的出版将助力为广大劳动者撑起健康"保护伞"。

清华大学

2022 年 8 月

前言

目前，我国电力行业职业安全与健康问题比较突出，电力行业人员，对职业安全隐患及健康危害因素的防范意识差，缺乏职业危害及安全隐患的基本知识和防范技能，亟须出版一本适合电力行业人员的职业安全与健康防护的科普书籍，来指导电力行业人员掌握职业安全与健康的知识、技能，学会辨识危险源，树立自我健康管理和维护的理念，掌握自救互救技能，对保护广大电力行业人员的身心健康具有重要的指导意义。

本书旨在介绍突发事件中电力行业人员的职业安全与健康防护，依据健康教育"知－信－行"理论，主要内容包括：电力行业人员潜在职业危害因素、电力行业人员突发事故急救技术、电力行业人员常见意外伤害与突发事件急救、电力行业人员突发事故安全防护、电力行业人员典型事故案例分析与防范五方面内容。第一章由广州市职业病防治院专家学者编写；第二章由国家电网北京电力医院专家学者编写；第三章由天津大学、陆军军事交通学院、国家电网北京经济技术研究院等单位专家学者共同编写；第四章由江苏圣华盾防护和青岛思迈科技的专业人员编写；第五章由天津大学、应急部宣教中心、天津市津开电力设备制造有限公司等单位的专家学者编写。

　　本书紧密结合电力行业人员职业安全隐患及职业风险特征，参与编写的成员均为来自电力行业、救援医学、健康教育领域的专家和学者，内容上具有科学性、思想性、通俗性和可读性，编写过程中注重理论与实践相结合、专业与科普相结合，形式上注重文图并茂，坚持"理论够用，实践为重"的原则。在此谨向为本书编写给予帮助的各位编者表示衷心的感谢！由于对电力行业的了解尚有不足，加之编者的专业能力、经验和时间限制，书中不妥之处在所难免，请读者在使用过程中发现问题及时批评指正。

编者

2022 年 2 月

目录

第二章

电力行业人员突发事故急救技术

第三章

电力行业人员常见意外伤害与突发事件急救

第四章

电力行业人员突发事故安全防护

第五章

电力行业人员典型事故案例分析与防范

第一章

电力行业人员潜在职业危害因素

　　根据 GB/T 4754—2017/XG 1—2019《国民经济行业分类》国家标准第 1 号修改单中分类目录，电力行业通常指电力生产和电力供应业，是利用火力、水力、核能、风力、太阳能、生物质等发电，并通过电网出售给用户电能的输送与分配的活动，主要有发电、输电、变电、配电等生产环节。上述各种发电方式生产的电能，通过变电系统变压后，由输电系统将电能输送到各变电站，经过变压后分配到各配电站，再由各配电站变压后送至用户。

　　目前我国主要采用火力形式发电，且发电量占比高。近年来，核力、水力、风力、太阳能光伏等形式发电量所占比例有所提高，但总量仍然较低。发电生产过程中可能存在对劳动者造成一定健康危害的职业危害因素，不同的发电方式存在的职业危害也有所不同，如火力发电存在触电、化学毒物、物理因素、高空作业、机械伤害等职业危害因素，核力发电存在电离辐射、化学毒物和物理因素，水力、风力、光伏发电、输电、变电、配电等以物理因素为主。

　　电力行业检维修作业过程中涉及焊接、打磨、油漆、防水堵漏、钻孔等作业，存在一氧化碳、氮氧化物、臭氧、苯系物、酯类、酮类等化学毒物，粉尘、噪声、高温、低温、紫外线等物理因素；维修过程中存在高处作业、有限空间作业，检维修探伤过程存在电离辐射。

第一节 触电

一、触电的概念

电是我们生产生活过程中必不可少的东西，夜晚的灯光、家用电器的运转、手机、电视等，通通离不开电。没有电，我们的日常生活会寸步难行。电给我们的工作生活带来了便利，但是一旦使用不当，触电也会对人体造成极大的损害。

触电是电击伤的通常说法，是指人体直接触及电源，或高压电经过空气、导电介质将电流通过人体而引起的组织损伤和功能障碍的过程，严重时可导致心脏和呼吸骤停。触电受到的伤害程度与触电时长有关，时间越长，受到的损伤就越严重（图1-1）。雷雨天发生的雷击也是一种触电形式，雷击时的电压可高达到几千万伏，人体一旦遭到雷击，极短时间内可产生极大强度的电流通过人体，给人体造成极大伤害。

图 1-1 触电

二、触电的原因

在电力行业的操作中，因使用仪器设备不当或操作疏忽而导致的触电事故时有发生。

1. 安全意识淡薄，违反安全操作规程

（1）贪图方便，未佩戴绝缘手套，直接用手触摸带电物体或带电开关。

（2）在进行电气设备的倒闸操作时，违反操作规程，可能造成触电事故。

（3）由于工作人员过于自信、麻痹大意，单凭经验去工作。

2. 停电检修时组织指挥不当，安全措施落实不实，监管工作流于形式

（1）检修需要协调多部门参加，若组织指挥者没有明确停电时间和范围，容易造成触电事故。

（2）若不符合电气安全要求的工人参与，容易因操作技术不到位，出现意外。

（3）危险系数比较大的任务要派专人监护，以免因监护工作没有落实而发生事故。

3. 在设备带电运行中进行检查维修时操作不规范 电气设备种类繁多，各有其结构特性和安全要求。不规范操作，如没有采取完善可靠的技术支持、错误使用电力安全工具等。

4. 设备绝缘降低或火线碰壳 电气设备陈旧、绝缘层老化或设备受潮，当场所存在较大振动或设备经常被移动的情况下，都容易发生火线碰壳而漏电，当触碰这些设备而又无保护措施时可引起触电。

5. 偶然因素 如大风刮断的电线恰巧落在人体上。

需要说明的是：上述原因中，除了偶然因素很难避免外，其他因素都是可以避免的。

三、触电的类型

根据触电时人体所受伤害程度，触电可分为电伤和电击伤两大类。

1. 电伤 电伤是由电流的热效应、化学效应、机械效应等对人体造成的伤害，电流越大造成的电伤危害越大。与电击相比，电伤属于局部性伤害，其危害程度与受伤的面积、深度、部位等有关。常见的电伤有电弧烧伤、皮肤金属化、电烙印、电光眼等多种伤害。

2. **电击伤**　电击伤是触电产生的最危险的一种伤害，绝大多数的触电死亡事故都是由电击造成的。人体内部组织是主要的电击致伤部位，电击可出现肌肉抽搐、内部组织损伤、发热发麻、神经麻痹等症状。严重时可引起休克，甚至危及生命（图 1-2）。

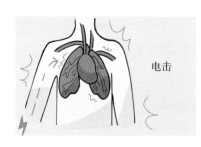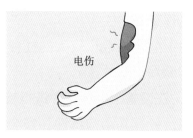

图 1-2　电击与电伤

第二节　化学有害因素

化学有害因素是生产生活中较为常见的健康危害因素，化学有害因素导致的中毒也是主要的公共卫生事件。电力行业生产过程中同样存在许多化学毒物，如一氧化碳、盐酸、氢氧化钠、六氟化硫、二氧化硫、氮氧化物、臭氧等，尤其是接触高浓度化学性毒物可严重危害人体的健康。电力行业常见可导致意外伤害或者突发事件发生的化学有害因素有以下几类。

一、窒息性气体

窒息性气体是一类吸入后引起组织缺氧窒息的有害气体。指被吸入人体后，可阻碍机体内氧的供给、摄入、输送和利用，使得全身组织细胞得不到或不能利用氧，从而导致组织细胞缺氧窒息的有害气体的总称，如一氧化碳、硫化氢、二氧化碳、甲烷、六氟化硫等。

（一）一氧化碳

1. **一氧化碳的特性** 一氧化碳是一种无色无臭的气体，在大气中很稳定，容易扩散迁移。正是由于一氧化碳具有无色无臭这种特性，其泄漏后不易被察觉，容易导致一氧化碳中毒。迄今为止，急性一氧化碳中毒是我国发病和死亡人数最多的急性职业中毒。

2. **一氧化碳的健康危害** 一氧化碳与血红蛋白的结合能力比氧强，因此，血液中的一氧化碳不但能阻碍血红蛋白与氧结合，而且还会妨碍血红蛋白向组织释放氧，从而影响血液对氧的运输功能，导致组织供氧障碍而窒息。

（1）吸入时间长短、浓度高低、吸入量的多少决定一氧化碳中毒的轻重，短时间吸入较低浓度一氧化碳，主要出现以头晕、头痛、恶心、呕吐、无力等为症状的轻度中毒。

（2）随着接触浓度的升高、吸入量的增加和吸入时间的增长，可出现意识模糊，乃至昏迷等中度中毒症状。

（3）高浓度、长时间吸入可出现昏迷不醒、频繁抽搐、大小便失禁等重度中毒症状，严重可致死。

3. **一氧化碳暴露风险和暴露点** 电力行业锅炉汽机系统、烟气净化系统、除灰渣系统、电气系统的柴油发电机等设施密闭不严或发生泄漏时，工人对这些设备进行巡检和维护过程中，可能接触到高浓度的一氧化碳，存在发生一氧化碳中毒的风险。

（二）硫化氢

1. **硫化氢的特性** 硫化氢常态下是一种无色易燃的酸性气体，是一种剧毒无机化合物。低浓度时具有典型的臭鸡蛋气味。硫化氢比空气重，易在低洼处蓄积。能溶于水，但是水被搅动后易散发出来，其水溶液为氢硫酸，其酸性比碳酸弱。

2. **硫化氢的健康危害** 硫化氢是一种化学性窒息性气体，与氧化型细胞色素氧化酶中的 Fe^{3+} 结合，抑制细胞呼吸酶的活性，造成细胞缺氧窒息，可导致急性中毒。硫化氢中毒是我国最常见的职业中毒之一。

（1）短时间吸入低浓度硫化氢，主要出现以呼吸道及眼黏膜的局部刺激、头痛、头晕、乏力、呼吸困难等症状的轻度中毒。

（2）接触浓度增高、吸入量的增加和吸入时间的延长，可出现化学性肺炎或肺水肿、血压下降等中度中毒症状。

（3）长时间吸入高浓度硫化氢可出现肌肉痉挛、深度昏迷、大小便失禁等重度中毒症状。吸入极高浓度的硫化氢可发生"电击样"死亡。

3. **硫化氢暴露风险和暴露点** 硫化氢主要来源有两种，一种是蛋白质腐败产生的，就像富含蛋白质的鸡蛋腐败以后也会产生硫化氢，所以我们常说硫化氢有"臭鸡蛋味"。另一种是自然或化学产生，硫化物加酸就可以产生硫化氢。电力行业中的污水处理、污水沟清理、下水道清理、火电厂脱硫废水处理设施巡检和检维修作业、火电厂煤场和输送系统集水池清淤作业可接触硫化氢，存在发生硫化氢中毒，甚至死亡的风险（图1-3）。

图 1-3 硫化氢中毒

知识拓展

　　有人会问，既然硫化氢有臭鸡蛋味，那我们闻到臭鸡蛋味就离开，或者在进行相关工作时用鼻子闻一闻，如果有臭鸡蛋味再通风作业是不是就可以避免硫化氢中毒了呢？答案是不行！如果硫化氢的浓度较高时，会导致嗅觉神经麻痹，我们就闻不到臭味了，这个时候用鼻子去闻就无法判断是否存在硫化氢了。另外，如果硫化氢浓度高到一定程度，如硫化氢浓度超过 1 000mg/m³ 时，能引起"电击样"死亡，人瞬间可以猝死，根本来不及撤离。

（三）二氧化碳

　　1. 二氧化碳的特性　　二氧化碳是一种无色、无臭、非可燃性的气体。高浓度时，略带酸味。二氧化碳比空气重，易在低洼处蓄积。二氧化碳本身没有毒性，它也是空气的组成部分之一，占空气的 0.03%～0.04%，人吸入低浓度二氧化碳时不会有感觉，空气中二氧化碳浓度较高时，通常伴有氧气比例降低，从而容易导致缺氧窒息。

　　2. 二氧化碳的健康危害

　　（1）二氧化碳经由呼吸道吸入，主要影响中枢神经系统功能，低浓度有兴奋作用，高浓度有麻醉作用，通常二氧化碳的浓度升高时，伴有空气中氧含量降低，从而导致缺氧窒息。

　　（2）吸入过量二氧化碳后可引起头痛、眩晕、视物模糊、耳鸣、脉搏加快、乏力等症状，也可导致嗜睡，重症患者可出现烦躁、谵妄、抽搐、昏迷等症状。

　　（3）吸入大量二氧化碳后，几秒内可迅速昏迷，吸入极高浓度可在数秒钟内死亡。

3. **二氧化碳暴露风险和暴露点**　电力行业锅炉汽机系统、烟气净化系统、除灰渣系统、电气系统的柴油发电机等设施密闭不严或发生泄漏时，工人进入这些设备间进行巡检和维护，可能会接触二氧化碳。电力行业工人进入电缆井、地下电缆廊道、集水池、废水池、污水池等场所作业可接触二氧化碳，存在发生缺氧窒息的风险。

（四）甲烷

1. **甲烷的特性**　甲烷是一种无色、无臭、比空气轻的易燃、易爆气体。甲烷在自然界中很常见，是沼气、天然气等的主要成分。

2. **甲烷的健康危害**

（1）甲烷对人基本无毒，甲烷中毒实际上是空气中的甲烷浓度升高使氧含量明显降低，导致人缺氧窒息。

（2）当空气中甲烷体积达到25%～30%时，吸入可引起头晕、头痛、乏力、注意力不集中、呼吸和心跳加速、共济失调等症状。若不及时脱离高浓度场所，可致窒息死亡。

3. **甲烷暴露风险和暴露点**　燃气发电的天然气减压站、燃机系统管道、阀门泄漏可释放甲烷，当发生泄漏时作业工人进入这些设备间作业可接触甲烷，存在发生缺氧窒息的风险。同时，甲烷大量泄漏存在发生爆炸的风险。

（五）六氟化硫

1. **六氟化硫的特性**　在常温常压下，六氟化硫是一种无色、无味、无毒的稳定气体。六氟化硫比空气重，密度约为空气的5倍。六氟化硫稳定性很高，在温度低于180℃时，它与电气结构材料的相容性和氮气相似。

2. 六氟化硫的健康危害

（1）吸入较低浓度六氟化硫引起的中毒症状表现为胸闷，短时间内吸入过量六氟化硫还会导致呼吸道破损出血，鼻腔干燥、出血。

（2）在高浓度六氟化硫环境下，人体吸入后可导致呼吸困难、喘息、皮肤和黏膜变蓝、全身痉挛等症状。

（3）当吸入六氟化硫与氧气的混合比为4∶1的混合气体时，仅仅吸入几分钟后，人体会出现四肢麻木，甚至窒息死亡。

3. 六氟化硫暴露风险和暴露点　六氟化硫气体作为性能优越的绝缘介质，在电力系统的运用非常广泛。电力行业电气系统、变电系统和配电系统均使用六氟化硫，在这些场所作业时，存在六氟化硫泄漏导致缺氧窒息的风险。

当开关柜室、六氟化硫储气瓶室等发生六氟化硫泄漏时，若房间空气中的氧气含量充足，这样使得六氟化硫泄漏后与氧气混合产生有毒气体的条件充分，容易形成六氟化硫与氧气的混合气体，吸入六氟化硫混合气体容易导致窒息。

六氟化硫气体在高温或电弧作用下会产生一氧化硫和氟化氢等有毒气体，它们与六氟化硫气体共存，若设备间通风不良，除存在发生六氟化硫引起的缺氧窒息风险外，还存在氟化氢中毒的风险。

知识拓展

六氟化硫比空气重，泄漏时，容易在设备间底部蓄积，当巡检人员进入作业时，短时间接触高浓度六氟化硫，存在发生缺氧窒息死亡的风险。

六氟化硫气体在高温或电弧作用下会产生一氧化硫和氟化氢

等有毒气体，应加强设备间的日常通风，及时排出设备间的少量有毒气体。

鉴于六氟化硫比空气重的特点，在容易发生六氟化硫泄漏设备间，应注意日常通风和应急通风的气流组织，应从设备间下部排风。

二、刺激性气体

刺激性气体是一类对眼、呼吸道黏膜和皮肤具有刺激作用的气体。急性呼吸功能衰竭是刺激性气体所致最严重的危害和职业病常见的急症之一。电力行业常见的刺激性气体有氨、氮氧化物、二氧化硫、氯气、二氧化氯等。

（一）氨

1. **氨的特性**　氨是一种具有辛辣刺激性气味的无色气体，易液化，易溶于水，其水溶液为氨水，呈碱性。

2. **氨的健康危害**

（1）短时间内吸入大量氨气后可出现流泪、头晕、头痛、恶心、呕吐、乏力、咽痛、咳嗽、胸闷、呼吸困难等症状，部分可出现发绀、眼结膜及咽部充血及水肿、呼吸频率快、肺部啰音等症状。

（2）严重者可发生急性呼吸窘迫综合征、肺水肿，喉水肿痉挛或支气管黏膜坏死脱落致窒息，还可并发气胸、纵隔气肿。

（3）吸入极高浓度的氨气可迅速死亡。

（4）液氨或高浓度氨气可引起眼部灼伤，严重者可发生眼部角膜穿孔。

（5）皮肤接触液氨可致灼伤。

3. 氨暴露风险和暴露点 火力发电脱硝系统中液氨的运输、装卸，液氨罐车、氨卸料压缩机、氨储槽、液氨输送泵、液氨蒸发器、氨气缓冲槽、脱硝系统 SCR 反应器、氨气稀释槽、氨废水处理站、尿素储放间和尿素溶液制备间等场所巡检、检修作业可接触氨。化学水处理系统（火电和核电）、除盐水系统（核电）的氨水加药间和氨水储药间巡检可接触氨，污水处理系统厌氧池和污泥脱水间可接

图 1-4 氨中毒

触氨，存在发生氨气中毒的风险（图 1-4）。如液氨的运输、装卸，液氨罐车、氨卸料压缩机、氨储槽、液氨供应泵、液氨蒸发器、氨气缓冲槽发生泄漏，存在眼接触液氨或高浓度氨气引起灼伤的风险，也存在皮肤接触液氨发生灼伤的风险。

（二）氮氧化物

1. 氮氧化物的特性 氮氧化物主要包括一氧化氮和二氧化氮。一氧化氮为无色无味、难溶于水的气体，它的化学性质非常活泼，它与氧气反应可形成具有腐蚀性的二氧化氮气体，二氧化氮可与水反应生成硝酸。

2. 氮氧化物的健康危害

（1）早期吸入表现为上呼吸道的轻微刺激症状，如咽部不适、干咳等。

（2）吸入数小时乃至更长时间后常发生迟发性肺水肿、成人呼吸窘迫综合征，同时出现呼吸窘迫、胸闷、咳嗽、咳泡沫痰、发绀等症状，可并发气胸及纵隔气肿。

（3）肺水肿消退后两周左右，可出现迟发性阻塞性细支气管炎。

3. **氮氧化物暴露风险和暴露点**　电力行业锅炉汽机系统、烟气净化系统、除灰渣系统、电气系统的柴油发电机等设施密闭不严或发生泄漏，工人对这些设备进行巡检和维护时，可接触高浓度氮氧化物，存在氮氧化物中毒的风险。

有限空间电焊维修作业可因通风不良引起氮氧化物浓度蓄积而危害作业工人的健康。

（三）二氧化硫

1. **二氧化硫的特性**　二氧化硫为无色、有强烈刺激性气味的气体。大自然中的煤和石油燃烧时，都会生成二氧化硫。

2. **二氧化硫的健康危害**

（1）轻度中毒可有流泪、畏光、眼灼痛、流涕、咳嗽等症状，常为阵发性干咳，声音嘶哑，鼻、咽喉部有烧灼样痛，甚至有呼吸短促、胸痛、胸闷等症状出现。

（2）高浓度的二氧化硫可使肺泡上皮破裂、脱落，引起自发性气胸，导致纵隔气肿。可导致职业性急性二氧化硫中毒。

（3）严重中毒可于数小时内发生肺水肿，出现呼吸困难和发绀，咳粉红色泡沫样痰。

3. **二氧化硫暴露风险和暴露点**　电力行业锅炉汽机系统、烟气净化系统、除灰渣系统、电气系统的柴油发电机等设施密闭不严或发生泄漏，工人对这些设备进行巡检和维护时，可接触高浓度二氧化硫，存在中毒的风险（图 1-5）。

图 1-5　二氧化硫中毒

（四）氯气

1. **氯气的特性**　氯气是一种具有强烈刺激性的黄绿色气体，比空气重，可溶于水和碱溶液。

2. **氯气的健康危害**　氯气对眼、呼吸道黏膜有刺激作用。吸入高浓度氯气可发生急性氯气中毒。

（1）**轻度中毒**：患者有流泪、咳嗽、咳少量痰、胸闷等症状，出现气管炎和支气管炎的表现。

（2）**中度中毒**：患者发生支气管肺炎或间质性肺水肿，出现呼吸困难、轻度发绀等。

（3）**重度中毒**：患者发生肺水肿、昏迷和休克，可出现气胸、纵隔气肿等并发症。

（4）吸入极高浓度的氯气，可引起"电击样"死亡发生。

（5）皮肤或眼睛接触高浓度氯气，可导致皮肤灼伤、急性皮炎以及化学性眼部灼伤。

3. **氯气暴露风险和暴露点**　进入化学水处理系统（火电、核电）的次氯酸钠储存间、次氯酸钠加药间、电解制氯间以及电力行业的废水处理的次氯酸钠储存间、次氯酸钠加药间作业时可接触氯，当出现储罐或管道泄漏、房间通风不良或无排风设施的情况下，存在发生氯气急性中毒的风险。当将次氯酸钠与酸不正确储放在一起，因事故发生泄漏，次氯酸钠与酸反应可释放出氯气，有发生氯气中毒的风险。

（五）二氧化氯

1. **二氧化氯的特性**　二氧化氯是一种具有强烈刺激性的气体，其颜色为黄绿色到橙黄色，极易溶于水，不与水反应，几乎不发生水解。

2. 二氧化氯的健康危害

（1）二氧化氯可刺激眼和呼吸道。

（2）吸入高浓度二氧化氯可发生肺水肿，甚至致死。

（3）皮肤接触高浓度二氧化氯溶液，可引起强烈刺激和腐蚀。

3. **二氧化氯暴露风险和暴露点**　作业工人进入火力发电化学水处理系统的二氧化氯发生间及电力行业废水处理的二氧化氯发生间作业，当设备密闭不严或泄漏时，可能会接触到二氧化氯。

三、化学毒物

电力行业常见可导致意外伤害或者突发事件发生的化学有害因素除窒息性气体、刺激性气体外，还有部分可导致急性中毒、接触性皮炎、皮肤灼伤、化学性眼部灼伤等急性突发事件的化学毒物，常见的有肼、盐酸、氢氧化钠、硫酸、次氯酸钠等。

（一）肼

1. **肼的特性**　肼又称联氨，是一种无色油状液体，有类似于氨的刺鼻气味的强极性化合物。

2. 肼的健康危害

（1）急性中毒多由皮肤、创面大量吸收或误服引起。

（2）肼蒸气对眼、鼻和咽喉有明显刺激作用，表现为头痛、头晕、恶心、呕吐、眼胀、眼痛、咳嗽、咽痛、乏力等症状。

（3）皮肤和眼睛直接接触肼的液体，可引起皮炎，皮肤和眼的灼伤。

3. 肼暴露风险和暴露点

（1）进入化学水处理系统（火电和核电）的肼贮存间和加药间作业时，可接触到肼。当出现储罐或管道泄漏、房间通风不良或无排风设施的情况下，可存在发生肼中毒的风险。

（2）卸料和投加管道的维护易发生皮肤和眼睛接触，导致皮肤和眼部灼伤，故应做好个人防护，如戴护目镜、防护手套等。

（二）盐酸

1. 盐酸的特性　盐酸是氯化氢（HCl）的水溶液，是一种无色或微黄色发烟液体，有刺鼻的酸味，具有强腐蚀性和强刺激性。在工业中用途非常广。浓盐酸具有极强的挥发性，有经验的人可能会注意到，打开装有浓盐酸的容器后，能在瓶口上方看到酸雾，那是因为氯化氢挥发与空气中的水蒸气结合产生盐酸小液滴。

2. 盐酸的健康危害　盐酸对人体的健康危害主要为氯化氢气体对人体的刺激引起的危害，以及皮肤和眼睛接触盐酸液体引起的灼伤。

（1）眼睛接触盐酸烟雾，受到刺激后可出现眼睑肿胀、结膜充血等症状。

（2）吸入盐酸烟雾后，出现鼻咽喉部等的呼吸道刺激症状，还可引起支气管炎、肺炎。

（3）皮肤和眼睛接触盐酸液体，可引起皮炎以及皮肤和眼睛的灼伤。

3. 盐酸暴露风险和暴露点　化学水处理系统（火电和核电）、除盐水系统（核电）、凝结水处理间（核电）和电力行业污水处理系统均使用盐酸，盐酸卸料、盐酸储罐密闭不严或有泄漏、投药设施维护均可能发生皮肤或眼睛接触盐酸，可引起皮炎以及皮肤和眼睛的灼伤（图1-6）。

若盐酸储存间和加药间通风不

图1-6　眼睛灼伤

良，可引起氯化氢气体的蓄积，作业工人进入这些房间作业时存在吸入高浓度氯化氢气体的风险，可出现上呼吸道刺激症状，甚至还可引起支气管炎、肺炎。

（三）氢氧化钠

1. 氢氧化钠的特性　氢氧化钠为白色不透明固体，易潮解，易溶于水，其水溶液具有强腐蚀性。氢氧化钠有多种俗称，我们常说的烧碱、固碱、火碱、苛性钠就是氢氧化钠。氢氧化钠的用途也非常广泛，常用作酸中和剂、显色剂、洗涤剂等。

2. 氢氧化钠的健康危害

（1）氢氧化钠有强烈刺激和腐蚀性。

（2）接触氢氧化钠粉尘可刺激眼和呼吸道。

（3）皮肤和黏膜接触氢氧化钠液体可导致化学性灼伤和皮炎。

3. 氢氧化钠暴露风险和暴露点　化学水处理系统（火电和核电）、除盐水系统（核电）、凝结水处理间（核电）和电力行业污水处理系统均使用氢氧化钠，氢氧化钠卸料、溶液配制、储罐泄漏、投药设施维护均可能接触。

氢氧化钠卸料、溶液配制过程中可因接触含氢氧化钠的空气而引起眼和呼吸道刺激症状。

氢氧化钠储罐泄漏、投药设施维护过程容易发生皮肤和黏膜接触氢氧化钠液体，可导致化学性灼伤和皮炎，因此使用和储存氢氧化钠的场所应设置冲淋洗眼器应对突发事件。

（四）硫酸

1. 硫酸的特性　硫酸是一种无机化合物，纯净的硫酸为无色油状液体，其具有强烈的腐蚀性和刺激性。通常根据实际需要使用各种不同浓度的硫酸水溶液，在配制过程中容易发生健康损害。

2. 硫酸的健康危害

（1）眼睛接触硫酸蒸气或雾可引起结膜炎、结膜水肿、角膜混浊，严重可致失明。

（2）吸入硫酸蒸气或雾可引起呼吸道刺激，重者发生呼吸困难和肺水肿，高浓度引起喉痉挛或声门水肿而窒息死亡。

（3）硫酸有强烈吸水性，皮肤接触硫酸可引起灼伤，轻者出现红斑，重者形成溃疡，预后瘢痕收缩影响功能。

（4）硫酸溅入眼内可造成眼部灼伤，甚至角膜穿孔、全眼炎，严重者可致失明。

3. 硫酸暴露风险和暴露点 化学水处理系统常使用硫酸，硫酸卸料、硫酸溶液的配制、硫酸储罐密闭不严或有泄漏、投药设施维护等作业中，工作人员均可能接触硫酸。

电力行业水处理过程中硫酸引起的伤害主要为皮肤和眼睛的灼伤，因此使用和储存硫酸的场所应设置冲淋洗眼器应对突发事件。

（五）次氯酸钠

1. 次氯酸钠的特性 次氯酸钠为白色粉末，有似氯气的气味，溶于水呈微黄色水溶液，次氯酸钠与酸溶液混合后可释放出氯气。

工业中经常使用的是次氯酸钠水溶液，有非常强烈的刺鼻气味，次氯酸钠溶液极不稳定。在工业水处理中常用作净水剂、杀菌剂、消毒剂。次氯酸钠溶液也用于日常的生活设施环境消毒，如我们常用的 84 消毒液的主要成分就是次氯酸钠。

2. 次氯酸钠的健康危害

（1）次氯酸钠具腐蚀性和致敏性。

（2）手经常接触次氯酸钠，可出现手掌大量出汗，指甲变薄，毛发脱落等症状。

（3）皮肤或眼睛接触高浓度次氯酸钠溶液，可致皮肤灼伤、急性皮炎以及化学性眼部灼伤。

3. **次氯酸钠暴露风险和暴露点** 电力行业接触次氯酸钠的工序主要存在于各种水处理环节。进入化学水处理系统（火电和核电）、除盐水系统（核电）的次氯酸钠储存间、次氯酸钠加药间及电力行业废水处理的次氯酸钠储存间、次氯酸钠加药间作业时可接触次氯酸钠，引起的伤害主要为皮肤和眼睛的灼伤，因此储存间、加药间应设置冲淋洗眼器等设施。

次氯酸钠储存间、次氯酸钠加药间如果同时储存酸溶液，当发生泄漏时，次氯酸钠与酸溶液混合后可释放出氯气，存在氯气中毒的风险。

第三节 粉尘

一、粉尘的类型及特性

粉尘是指粒径很小的固体颗粒，可以在自然环境中天然产生，如火山喷发、沙尘暴可以产生大量的天然粉尘；也可以是在工业生产或日常生活各种活动中产生。生产性粉尘是指在生产过程中形成的，并能长时间悬浮在空气中的固体微粒。生产性粉尘按其性质分为无机、有机和混合性粉尘。

粉尘粒径越小，越容易被吸入肺部，越容易进入肺泡。日常生活工作中，我们随处都可见到粉尘，过年包饺子使用面粉会接触到粉尘、走在路上会接触到汽车行驶导致的扬尘、矿山开采过程中岩石破碎产生的大量粉尘、在家里打扫卫生也会接触粉尘……

二、粉尘的危害

1. 粉尘的健康危害　粉尘可刺激眼睛、皮肤、呼吸道，使眼睛不适、皮肤干燥，引起咳嗽等呼吸系统症状，导致鼻炎、咽喉炎、支气管炎、支气管哮喘和肺炎等。一些尖锐的粉尘颗粒，如金属磨料粉尘，接触眼睛后，由于机械作用可损伤眼角膜。当我们的皮肤发生破损或某些尖锐的粉尘损伤皮肤后，粉尘会进入机体作为异物被巨噬细胞吞噬后诱发炎症反应，粉尘还可能阻塞毛囊、皮脂腺或汗腺。如长期吸入某些粉尘可导致肺组织纤维化病变，引起尘肺。

2. 粉尘爆炸　粉尘危害最严重的后果莫过于粉尘引起的爆炸。粉尘爆炸，指可燃性粉尘在受限空间内与空气混合形成的粉尘云，在点火源作用下，使得粉尘云快速燃烧，并引起温度、压力急骤升高的化学反应。

三、粉尘爆炸风险点

电力行业中一般比较容易发生爆炸事故的粉尘非煤尘莫属，煤是可燃性物质，如其粉尘悬浮在空气中且达到一定浓度、在点火源作用下就可产生煤尘爆炸。而且一旦发生爆炸，常容易产生二次爆炸，具有非常强的破坏性。

火力燃煤发电需使用到煤，煤的装卸、运输、磨粉等都会产生煤尘，卸船时船舱、转载房、输送廊道、翻转机地坑（铁路运输）、室内堆场、磨粉间等若通风不良，生产过程产生或泄漏的煤尘蓄积到爆炸浓度范围，在点火源作用下，有发生煤尘爆炸的风险。

 **知识拓展**

　　粉尘爆炸必须同时具备四个条件：①粉尘本身具有爆炸性；②粉尘必须悬浮于空气中，并达到一定的浓度；③存在能引燃粉尘爆炸的高温热源；④具有一定浓度的氧气。

　　一般比较容易发生爆炸事故的粉尘有铝粉、锌粉、硅铁粉、镁粉、铁粉、铝材加工研磨粉、各种塑料粉末、有机合成药品的中间体、小麦粉、糖、木屑、染料、胶木灰、奶粉、茶叶粉末、烟草粉末、煤尘、植物纤维尘等。

 第四节　噪声

一、噪声及其分类

　　一切使人厌烦、不需要的、有损听力、有害健康或有其他危害的声响，都可以称为噪声。生产过程中产生的令人感觉厌烦，还会对听力造成损害的声音，就是生产性噪声。

　　生产过程中产生的噪声，按持续时间分为连续声和间断声，连续声按声压波动幅度又分为稳态噪声和非稳态噪声；按来源可分为机械性噪声、流体动力性噪声和电磁性噪声。

　　噪声作业，是指存在有损听力、有害健康或有其他危害的声音，且每天 8 小时或每周 40 小时噪声暴露等效声级大于 80dB 的作业。

二、噪声的危害

噪声对人体的危害作用可分为特异作用（对听觉系统）和非特异作用（对其他系统）两类。对听觉系统的损害表现为暂时性听阈位移或永久性听阈位移。永久性听阈位移早期表现为高频听力下降（听力损伤），随着接触噪声时间的延长或噪声强度的增大，语言频段的听力也受到影响，语言听力出现障碍，继而发展为噪声聋。

噪声可能引起的急性损伤是爆震聋。爆震聋是指暴露于突发的短暂而强烈的冲击波或强脉冲噪声所造成的中耳、内耳或中耳及内耳混合性急性损伤，严重者可致听力损失或丧失。这里的冲击波是指最大超峰压值不小于 6.9kPa 的空气压缩波。

三、噪声聋、爆震聋的风险点

电力行业的设备噪声强度较高，碎煤机、磨煤机、汽轮机、发电机、各类风机等设备运转时产生的噪声互相叠加，致使巡检路线上的噪声均较大，导致炉机电系统、输煤系统和脱硫系统等巡检人员噪声暴露强度超标，如防护不当，长期接触存在发生噪声聋的风险。

电力行业中，可能产生强烈冲击波或脉冲噪声导致爆震聋的设备为锅炉系统和汽机系统，这两个系统均有可能发生高压爆炸，导致附近的作业人员发生爆震聋。

第五节 **高温**

一、高温的概念

高温作业指在高气温或有强烈的热辐射或伴有高气湿相结合的异常气象环境条件下，湿球黑球温度（WBGT 指数）超过规定限值的作业。

1. **高温、强热辐射作业** 工作场所气温高、热辐射强度大、相对湿度较低，这些气象条件可导致工作环境处于干热状态。

2. **高温、高湿作业** 工作场所高气温、高气湿，但热辐射强度不大，主要是由于生产工艺条件要求导致生产车间中有较高的相对湿度。如果通风不良就形成高温、高湿和低气流的湿热环境。

3. **夏季露天作业** 夏季在露天作业可处于高温、热辐射的作业环境中，有太阳的热辐射，以及热的地面和周围物体的热辐射，并且辐射持续时间较长。

二、高温中暑的危害

在高温作业环境下工作较长时间后，可出现中暑的症状，如出现头痛、头晕、口渴、多汗等症状，一开始体温正常或略升高，还会有面色潮红、大量出汗、皮肤灼热、四肢湿冷等情况，严重者体温超过 40℃、昏迷，伴有癫痫样发作、多器官功能衰竭。

三、高温暴露风险和暴露点

电力行业中，发电系统的锅炉汽机系统（火电）、脱硫脱硝（火电）、核岛系统（核电）、常规岛系统（核电）、发电机组（水电、风电）均会产生高温，并对周围环境产生一定的热辐射，形成高温、强热辐射的作业环境，夏季高温季节均存在发生中暑的风险；电力行业人员在夏季露天高温作业环境中巡检作业易发生中暑（图1-7）。

图1-7　高温中暑

知识拓展

　　人在高温环境劳动数周之后对热负荷会产生热适应，表现为身体各系统功能有利于降低产热、增加散热、汗量增加、心率下降等。脱离高温环境一周左右热适应的状态就会消失。

　　环境温度过高、湿度太大、通风不良、劳动强度太大和时间太长都容易导致中暑，同时中暑也跟劳动者身体状态有关，过度疲劳、睡眠不足、年纪大、肥胖等容易诱发中暑。

第六节 烫伤

一、烫伤的概念

烫伤是指由高温液体（如沸水、热油等）和高温固体（烧热的金属等）或高温蒸气等所导致的组织损伤。

二、烫伤的危害

轻微烫伤只损伤皮肤表层，表现为局部轻度红肿、无水疱、疼痛明显。重一些的烫伤可导致真皮损伤、局部红肿疼痛，有大小不等的水疱。更严重烫伤可能导致皮下、脂肪、肌肉、骨骼都有损伤，并呈灰或红褐色。

三、烫伤的风险和暴露点

可想而知，人如果触碰了表面温度高的物品，很可能会导致烫伤。电力行业的燃气轮机、余热锅炉、汽轮机、高温烟气管道、炉外汽水管道、蒸汽阀门的外壁温度都较高，如果隔热不良或没有隔热，在操作或检修的过程中，很容易造成工作人员烫伤。

炉内爆管、泄漏紧急停炉抢修时，可能因抢时间、通风降温时间不够，人员在进入炉内抢修时，可能会引起灼烫。炉外的汽水管道或压力容器爆炸事故，管道内或容器内的高温、高压汽水喷出，也会造成人员的烫伤。

知识拓展

有一种烫伤不需要很高的温度，例如接触70℃的温度持续1分钟，皮肤可能就会被烫伤，接触近60℃的温度持续5分钟以上时也有可能造成烫伤，这种烫伤就叫作低温烫伤。低温烫伤和高温引起的烫伤不同，低温烫伤的创面疼痛感不明显，可能仅在皮肤上出现红肿、水疱、脱皮现象，但创面深甚至会造成深部组织坏死，严重时会发生溃烂。

第七节 低气压

一、低气压的特点

高原和高海拔地区属于低气压环境，高原和高海拔地区是指海拔在3 000m以上的地方，大气压力随着海拔高度的增加而降低，海拔越高空气越稀薄，大气中的氧气含量越少且氧分压越低，氧分压的降低影响体内气体交换而发生低氧性缺氧，是引起高山病的主要原因。

二、低气压的危害

低气压对人体的效应主要是影响人体内氧气的供应。人每天需要大约750g的氧气，大脑需氧量最多，每天消耗摄入氧气量的20%左右。

从低海拔到高海拔地点作业，因为气压下降，机体为补偿代谢消耗的氧气量，就会加快呼吸及血循环，出现呼吸急促，心率加快等症状。

由于脑组织缺氧，还会出现头晕、头痛、恶心、呕吐和无力等症状，神经系统也会发生障碍，甚至会发生肺水肿和昏迷等"高山反应"症状。这些对缺氧不能适应时所发生的急、慢性反应性临床症状称高原病。当发生急性高原病时容易突发意外，甚至危及生命。

三、低气压暴露风险和暴露点

作业工人在到达海拔 3 000m 以上地区作业容易发生高原病，同时寒冷和大风可促使高原病的发作和加重。电力行业中，在高原和高海拔地区输电系统作业工人存在高原低气压环境作业，可受到低气压的危害。

第八节 低温

一、低温的概念

低温作业是指在生产劳动过程中，工作地点平均气温等于或低于 5℃ 的作业。地球的高纬度地区（如纬度高于 66.5° 的我国的东北、华北和西北北部地区）冬季太阳辐射明显减少，温带、部分亚热带地区冬季气温可低于 0℃，且相对湿度较高，容易发生冻伤。

二、低温的危害

低温损害包括冻僵（体温过低）和冻伤。

1. **冻僵** 冻僵即全身体温下降到可能引起损伤的程度。冻僵常在不知不觉中发生，往往给受害者带来措手不及的伤害。发生冻僵时，患者出现典型症状有行动迟缓、手足不便、反应迟钝、意识不清、判断力下降，也有可能会产生幻觉。冻僵的人容易跌倒、出现精神恍惚或僵卧不动，甚至导致死亡。

2. **冻伤** 冻伤可导致身体某部分的组织坏死。冻疮和战壕足就是温度过低引起的局部组织损害。

皮肤保暖不好，出现大面积皮肤暴露在较冷环境中，就会导致大量热量丢失，如果血液循环障碍或食物和氧供给不足，能量得不到补充，体温就会快速下降。在高海拔地区，营养不良或氧气不足，会增加冻伤的概率。如果对皮肤、手指、脚趾、耳和鼻的保暖措施做得很好，且在寒冷环境下暴露的时间不长，即使气候很冷也不会发生冻伤。

在寒冷环境下时间较长，身体自动收缩皮肤、手指、脚趾、耳和鼻的小血管，以利更多的血流到重要器官，如心脏和脑。但这种自我保护措施的代价是到达这些部位的血流减少，使得这些"不那么重要"的部位更容易冻伤。

三、低温暴露风险和暴露点

寒冷地区冬季或高海拔地区电力行业室外作业存在低温危害，如输电系统、变配电设施、发电厂室外设备等室外巡检作业存在低温的危害。

第九节　紫外线

一、紫外线的类型

紫外线是波长为 100 ～ 400nm 的电磁波，俗称紫外光。紫外线按照频率和波长可以分为 UVA（波长 320 ～ 400nm，低频长波）、UVB（波长 280 ～ 320nm，中频中波）、UVC（波长 100 ～ 280nm，高频短波）、EUV（10 ～ 100nm，超高频）4 种。

二、紫外线的危害

1. 紫外线波长最长的 UVA 的致癌性最强，可引起皮肤的黑斑。UVB 主要对皮肤和眼睛造成损伤，具有明显的致红斑和角膜、结膜炎症效应，可导致日光灼伤和其他生物学效应，UVC 则容易被大气层中的臭氧吸收掉而不能到达地面。因此，电力行业室外作业工人主要防 UVA、UVB。

2. 高强度的紫外辐射能够损伤眼组织，导致结膜炎，损害角膜、晶状体，是白内障的主要诱因。在雪地，高山等阳光反射强烈的地方，电力行业室外作业工人受到"雪盲症"的危害，紫外线是导致"雪盲症"的罪魁祸首。雪盲症是指在强烈的阳光照射下，或者在雪地，高山等阳光反射强烈的地方，人的眼睛会感到刺痛，不舒服的现象。

3. 紫外辐射对皮肤产生伤害主要有急性红斑效应，也就是受日光曝晒而出现红斑，重者出现水肿、疼痛。受强日光暴晒，容易导致日晒伤，在红斑、水肿的基础上出现水疱，并伴寒战、发热、恶心等症状。紫外线照射也可以引起皮肤的过敏反应，出现急性荨麻疹样症状。

4. 电力行业维修焊接工短期暴露在高强度紫外线下可引起急性角膜结膜炎，如电光性眼炎，经过 4～8 小时的潜伏期才发生症状。轻者为双眼异物感和不适，重者有眼灼烧感或剧痛，伴高度畏光、流泪。除此之外，长期接触紫外线可引起眼睛晶状体和视网膜的损伤（图 1-8）。

图 1-8　电焊作业暴露

三、紫外线暴露风险和暴露点

我们日常生活中最常接触紫外线的方式就是晒太阳，涂抹防晒霜主要防的就是紫外线的危害。在电力行业中，发电、输电、变配电等环节室外作业受到阳光中紫外线的危害，维修工焊接作业时存在紫外线的危害，焊接产生的紫外线强度较强。

第十节　电离辐射

一、电离辐射的类型

电离辐射是指能使受作用物质发生电离现象的辐射，即波长小于 100nm 的电磁辐射。电离辐射包括：具有电磁波特性的 γ 射线和 X 射线，带电粒子形成的粒子型电离辐射 α 射线、β 射线和中子。电离辐射与物质的相互作用，随着核辐射种类和物质的性质而不同。

二、电离辐射的危害

电离辐射导致人体发生急性损伤主要是急性放射病、皮肤放射损伤和放射性复合伤。

1. **外照射急性放射病** 指人体受到一次或短时间内分次大剂量电离辐射外照射引起的全身性疾病。根据临床特点和基本病理改变，分为骨髓型急性放射病、肠型急性放射病和脑型急性放射病三种类型。

（1）**骨髓型急性放射病：**发生该病的工作人员一般受照射剂量范围为 1 ～ 10Gy。主要是骨髓造血组织损伤，表现为白细胞数减少、感染、出血，口咽部的感染最明显。

（2）**肠型急性放射病：**发生该病的工作人员一般受照射剂量范围为 10 ～ 50Gy。主要是胃肠道损伤，表现为频繁呕吐、严重腹泻、水样便或血水便、水电解质紊乱。

（3）**脑型急性放射病：**发生该病的工作人员一般受照射剂量大于 50Gy。主要是脑组织损伤，表现为短时间精神萎靡，随后出现意识障碍、共济失调、抽搐、躁动、震颤和休克等中枢神经系统症状。

2. **急性放射性皮肤损伤** 皮肤受到一次或短时间内多次大剂量外照射导致皮肤损伤，又称为放射性烧伤。主要表现有红斑、水疱、溃疡、坏死等。

3. **放射性复合伤** 人体受到放射性损伤，同时还有其他因素所致的损伤，但以放射性损伤为主。在特定情况下，指核爆炸时产生的核辐射和烧伤、冲击伤同时发生作用而导致的复合损伤。复合伤发病急，伤口感染很难控制，愈合困难，常见休克，死亡率高。

三、电离辐射暴露风险和暴露点

电力行业中，电离辐射危害主要存在于核电发电工艺。核电厂的核岛系统是电离辐射的危险源，包括 X 射线、γ 射线和中子射线。在核岛系统中工作的人员均有可能发生电离辐射导致的急性放射性损伤。

在核电发电系统中，人员的剂量有 80%～90% 来自机组大修，因此机组大修是电离辐射的风险点，在大修过程中发生急性放射性损伤的风险较高（图 1-9）。

图 1-9　核电厂检修暴露

第十一节　机械伤害

一、机械伤害的特点

机械伤害是工业上最常见的一种健康损害，主要指机械设备部件、工具、工件等直接与人体接触引起的碰撞、冲击、挤压、剪切、卷入、绞绕、甩出、切割、切断、刺扎等各种形式的伤害。电力行业中的燃气轮机、汽轮机、发电机、各类风机、润滑油泵和水泵等各种设备在运行或检修时当发生误操作，都可能造成机械伤害。

二、机械伤害的后果

机械伤害后果一般较为严重，常见的机械伤害是手指被切断，严重可能被机械伤害致死。当发现有人被机械伤害的情况时，虽及时紧急停机，但因设备惯性作用，仍可造成重大伤害，乃至身亡。

三、机械伤害事故的常见原因

造成机械伤害一般有三方面的原因。

1. **人的不安全行为**　这也是机械伤害最主要的原因，如工作人员的违规操作，穿戴不符合安全规定的劳保用品进行操作，在机械运转中违规从事检查、修理等工作，存在侥幸心理冒险进入危险区域等，都是由于缺乏安全意识导致的机械伤害。也有一些由于长时间的工作导致疲劳作业、注意力不集中引起的机械伤害。

2. **物的不安全状态**　如机械设备本身在设计上存在的缺陷或制造质量不合格，机械设备安全防护装置缺失或损坏、被拆除等，不及时排除机械设备故障，或设备带故障运行等情况，在机器处于不安全的状态下还继续工作，是导致机械伤害的重要原因之一。

3. 管理上的缺陷 管理上对安全工作重视度低，在组织管理方面存在缺陷，安全教育培训力度不够，例如在检修和正常工作时，机器突然被违规随意启动，任由作业人员进入机械运行危险区域等。

第十二节 高空作业

一、高空作业的概念

高空作业通常指的是高处作业，指在落差超过 2m 的高处地方进行的作业。国家标准 GB/T 3608—2008《高处作业分级》规定，高处作业为："在距坠落高度基准面 2m 或 2m 以上有可能坠落的高处进行的作业。"根据这一规定，电力行业常设置高度不同的操作平台，在检修及巡检过程中都有发生高处坠落的可能。锅炉体积大，高度较高，在高空检修或人行通道安全防护设施方面若存在缺陷，如栏杆、梯子不牢固或缺损，材料使用不当，作业时人员不系安全带等，都可能造成人员的高处坠落伤害事故。

二、高空坠落的后果

高空坠落根据坠落高度可导致不同程度的损伤，可以造成多部位、多器官的损伤，严重威胁坠落者的生命安全，有着极高的致死致残率。高空坠落伤损伤部位与着地部位密切相关，若头部先着地，会造成颅脑的损伤，如脑挫裂伤；如果坠落时双脚着地，会造成人体多部位的骨折。高空坠落后果非常严重，除骨折外还可能导致实质性脏器破裂。

三、高空坠落的主要原因

常见的高空坠落原因包括未正确使用或使用不合格的安全带，高空作业时安全防护设施损坏，使用安全保护装置不完善或缺乏的设备、设施进行作业，作业人员疏忽大意，疲劳作业，高空作业安全管理不到位，没有按要求穿防滑性能良好的软底鞋等。脚手架施工人员资质不全，材料质量不佳，脚手架承重及稳定度不足，脚手架没有检查就投入使用，随意改变结构等都可能造成脚手架倾倒或人员物体坠落等，也会增加工作人员高空坠落的风险（图1-10）。

图1-10　高空坠落

（王致　张海　梁嘉斌　廖阳　唐侍豪　李悦）

第二章

电力行业人员突发事故急救技术

第一节 急救基本原则与技术

　　电力行业属于危险系数、事故发生率较高，财产及人身损失规模大的高危行业，工作人员可能会因为多种意外或事故而受到巨大伤害。据国家能源局报道，2020年全国电力行业出现电力人身伤亡事故36起，造成死亡45人。所以急救基本知识对于电力员工而言显得尤为重要，它主要包括急救基本原则与技术。

一、急救基本原则

　　急救主要包含院前急救和院后急救。本章主要阐述院前急救。

　　1. 院前急救含义

　　（1）**发病地点：**在医院以外；急救的时间：进入医院以前。

　　（2）**病情：**紧急、严重，必须进行及时抢救。

　　（3）院前急救是患者未到达医院之前的初期救治，而不是整个救治过程。

　　（4）经抢救的患者需要尽快且安全地运送到医院进行后续的系统化治疗。

2. 院前急救分类

（1）短时间内有生命危险的患者，称为急救患者，如触电引起的心脏停搏、窒息和休克等，对此类患者必须立即进行现场抢救，从而挽救患者生命。

（2）病情危重但短时间内尚无生命危险的患者，如触电后不慎跌落引起的骨折、多发伤等，称为急诊患者，现场处理的主要目的是稳定病情，减轻患者在运送过程中的痛苦以及减少或避免并发症的发生。

3. 院前急救的主要目的　以维持生命与对症治疗为主要目的，最大限度地抢救伤病员、降低死亡率、减少伤残率、提高抢救成功率。

4. 院前急救的基本原则　在安全的前提下，先"救命"，后"治病（伤）"！

无论在什么地方发现危重伤患者，"第一目击者"（指在现场为突发伤害、危重疾病的患者提供紧急救护的人）对伤病员的救治原则，都须明确清楚。

（1）首先要保持镇定，理智科学地判断。

（2）评估现场，确保自身与伤病员的安全。注意：不要让施救者成为被救者！

（3）评估伤情，分轻重缓急，先救命，后治伤，果断实施救护措施。

（4）可能的情况下，尽量采取减轻患者的痛苦等措施。

（5）充分利用可支配的人力、物力协助救护。

二、急救基本技术

急救基本技术是指发生意外或事故时，对抢救生命有重大作用的紧急救治技术，通常包括通气术、止血术、包扎术、固定术、搬运术及心肺复苏术等（表2-1）。这些急救技术不需要过多的医学知识，它们涉及的器材简单、价格便宜并且易于操作，因此，在把握好急救基本原则的基础上，适时、正确地使用这些技术，在挽救生命、减轻伤害方面具有重大意义。

表 2-1　急救基本技术

急救基本技术	主要内容
通气术	主要在发生呼吸道阻塞后，使气道通畅的简易方法，如手指掏出口腔异物、仰头举颏法等。适用于各种外伤引起的气道阻塞患者
止血术	失血是导致现场死亡的主要原因之一，也是院前急救的主要目的，只有有效地控制失血，才能为院内救治争取时间。止血技术是外伤急救技术之首，主要包括直接压迫止血、加压包扎止血、指压止血、填塞止血、加垫屈肢止血法、止血带止血等（详见第二章第三节）
包扎术	包扎术是急救基本技术之一，它可直接影响伤病员的生命安全和健康恢复。常用的包扎材料有三角巾和绷带，也可以用其他材料代替。主要用于重要部位如头、胸、腹、四肢损伤时的包扎方法，以减少出血和避免污染为目的，为后续抢救争取时间（详见第二章第四节）
固定术	主要用于脊椎、四肢发生骨折后的固定方法，以减少疼痛和避免继发损伤为目的。固定患肢避免神经、血管遭受附加损伤，对于有伤口和出血时应先止血、包扎伤口，然后再固定骨折（详见第二章第五节）
搬运术	主要目的是减少因搬运造成的继发性神经、血管损伤。若遇有脊柱、脊髓损伤或疑似损伤的伤病员，不可任意搬运或扭曲其脊柱部；对于呼吸困难的患者，应取坐位，不能背驮，用软担架（床单、被褥）搬运时注意不能使患者躯干屈曲；对于昏迷患者咽喉部肌肉松弛，仰卧位易引起呼吸道阻塞，此类患者宜采用平卧头转向一侧或侧卧位（详见第二章第六节）
心肺复苏术	主要用于心搏骤停后进行胸外按压和人工呼吸，为院内救治争取时间（详见第二章第七节）

第二节　拨打"120"电话

据不完全统计，拨打"120"号码的有效电话只有 50% ～ 60%。由于求助者对现场及患病的情况，甚至患者所在的地理位置表述不清，从而耽误了急救医师的现场抢救。尤其对于在复杂陌生的电厂环境或者野外作业场所的电力工作人员而言，面对突发紧急状况，有时候非常着急，手忙脚乱，甚至干脆忘记了打急救电话，最终耽误了最佳的救治时间。因此，正确有效拨打"120"电话，使患者得到快速救援，必须牢记以下要点：切勿惊慌，保持镇静，讲话清晰，简练易懂。

一、说清楚在哪儿

1. 如果发病地点在城市，讲清地址包括街区、道路、小区的位置，并且要具体到楼栋及门牌号，同时要说清楚附近明显标志物，如商场、学校、银行、广场、公园、大型建筑物等标志。

2. 如果发病地点较偏僻，最好和急救人员约定好到主要的路口或明显标志物旁等候接应救护车，以便节省急救人员到达现场的时间。

3. 如果发病地点在野外很偏僻区域，如电力野外作业场所等，应同时拨打"119"或"110"电话求救；

4. 如果系道路交通事故受伤，应同时拨打"122"电话报警。

5. 按照调度人员的提示，把情况交代详细，必要时可以再次拨打"120"电话进行信息补充。

二、简要介绍伤（病）情及严重程度

1. 简要描述病情的特点（如发生了触电、电烧伤、外伤、火

灾、爆炸、化学损伤等），以及严重程度（如心脏停搏，还是昏迷等），这些关键信息可以帮助急救人员初步判断伤病情况，以及是否需要紧急处置，便于急救中心有针对性地调派相关专科医生前往急救。

2. 帮助急救人员决定携带何种急救设备和器械，如高位触电后的坠落伤需要携带脊柱板和固定夹板，化学烟雾中毒需要携带防毒面具和防护服，另外心脏病发作需要携带心电图机和除颤器等。

三、说清楚患者身份以及人数

在复杂的电厂环境、火灾塌方、大型车祸等的现场会非常混乱，尤其要注意说明患者身份，如患者的姓名、性别、年龄以及患者的人数，以便急救人员尽快确认患者身份，避免救错人。

四、说清楚已采取的救治措施

科学而迅速的现场急救措施很可能会挽救患者的生命，为院前急救赢得宝贵时间。将现场具体采取了哪些急救措施交代清楚，有利于急救人员进一步指导现场自救。

五、保持电话通畅

1. 在现场，往往是伤病员无法说话，由亲属、路人或同事拨打"120"电话求助，这时呼救者的电话和姓名就很重要，此时务必要保持联系电话畅通，不要因为您着急通知其他的亲友或同事占用电话线路，耽误急救医师和您联系。

2. 接到报警后，急救人员会随时与呼救者联系，通过电话指导呼救者做一些简单的急救处理。

3. 呼救者的手机电量低随时可能关机时，应提前告知急救中心，否则急救人员回拨电话时语音提示——"无法接通或已关机"，易判定为骚扰电话从而延误急救。

4. 要等急救中心调度员先挂电话，一定要确认"120"电话接听人员完全接收到求助信息后再挂断电话。

六、做好搬运准备

需要搬运患者时，若是在封闭的小区一定要在救护车到达之前，提前联系好物业工作人员打开小区闭锁的大门，保证车辆能正常通行。

高层住宅小区最好能联系物业人员，提前使电梯成为临时专用梯，若是走楼梯，则应尽量清理楼道，清理影响搬运的杂物，方便担架快速通行。

若是开阔的野外电力作业场所，一定提前为救护车规划出就近的停车地点及最快的搬运路线，确保道路通畅。

七、如取消用车，请再次拨打"120"电话确认

如果没及时取消用车，急救车辆不够，就可能延误了另一个危重患者的抢救（图 2-1）。

💡 **温馨提示**

◎ 他是谁（姓名、性别、年龄等）

◎ 他在哪（详细地址）

◎ 怎么了（病情及严重程度）

◎ 怎么办（做了或如何做急救措施）

◎ 拿手机（保持电话通畅）

◎ 疏通道（保持道路通畅）

图 2-1 拨打"120"电话

第三节　止血

　　成年人体的血容量约占体重的 8%。如果丢失 10% ～ 15% 的血量时，即 400 ～ 600ml，人体一般可以自己代偿；但一旦失血量超过 20%，即大约 800ml 以上，伤员就可能会出现明显症状，甚至发生休克（图 2-2）。

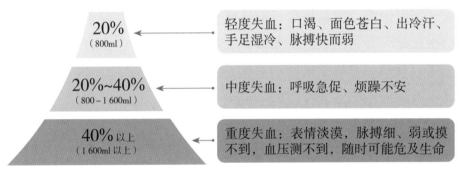

图 2-2　出血量示意图

一、判断出血性质（表 2-2）

表 2-2　出血的分类与特点

分类	特点	
动脉出血	血色鲜红，出血来自伤口近心脏的一端，是一股一股搏动性喷出，出血量大，速度快，危险性大	
静脉出血	血色暗红，出血来自伤口离心脏远的一端，血液缓慢不断地流出，量中等，速度稍慢，危险性较小	

续表

分类	特点	
毛细血管出血	血液通常由鲜红色变为暗红色，从创面四周渗出或像水珠样流出，量少，多能自行凝固，危险性小	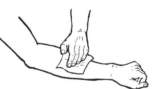

二、止血方法

现场急救的止血方法很多，主要有直接压迫止血、加压包扎止血、指压止血、填塞止血、加垫屈肢止血法、止血带止血等。常用的止血材料有无菌敷料、绷带、三角巾、创可贴、止血带，也可用毛巾、衣物、布料等代替。

（一）直接压迫止血法

1. **适用范围**　可用于小血管或毛细血管等损伤，出血量较少的表浅伤口出血。

2. **创可贴止血**　将粘贴层撕开，先用一边粘贴伤口的一侧，再将另一侧向对侧拉紧并粘贴。

3. **敷料压迫止血**（图2-3）

（1）**盖**：将敷料、纱布覆盖在伤口上。

（2）**厚**：敷料、纱布要有足够的厚度。

（3）**大**：覆盖面积要超过伤口边缘至少3cm。

（4）**时**：压迫约10分钟。

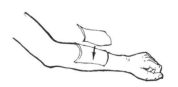

图2-3　直接压迫止血法

（二）加压包扎止血法

1. **适用范围**　可用于全身各部位的毛细血管、静脉及小动脉的出血。

2. **方法**　用敷料覆盖伤口，然后加压包扎，以达到止血目的。若无敷料，用其他洁净的手绢、毛巾等替代亦可。其简便、有效，是目前最常用的止血方法。

3. **操作要点**

（1）若无异物，用敷料覆盖伤口，若上述用手施加压力直接压迫效果不满意，即可加用绷带、三角巾等包扎（图2-4）。

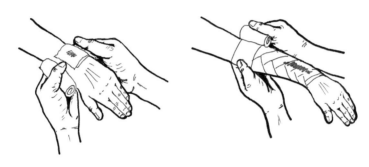

图2-4　加压包扎止血法

（2）伤口若有异物，如玻璃碎片等，不要轻易将其取出，要在伤口边缘用敷料将玻璃碎片等异物先固定住，之后再用绷带、三角巾等用力绷紧加压包扎伤口边缘的敷料（图2-47）。

4. **注意事项**

（1）**敷料厚：**敷料、纱布要有足够的厚度。

（2）**力度适：**压迫力度要适当。

（3）**患肢抬：**同时抬高患肢，避免因静脉回流受阻而增加出血。

（4）**骨折慎：**有骨折时不宜采用此法止血，以防病情加重。

（三）指压止血法

1. 适用范围　适用于头、面、颈部和四肢动脉出血时的紧急处理。

2. 方法　用拇指或其余手指，手掌甚至拳头将伤口靠近心脏一侧的动脉（也叫近心端动脉）用力压向骨头。注意一定要压在骨头上才能奏效（图2-5）。

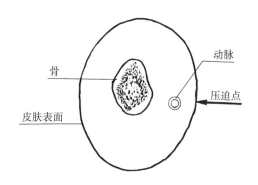

图2-5　动脉与骨骼示意图

这是一种简单而有效的临时止血方法。但该方法只能减少出血量，不大可能达到完全止血的目的。且操作者的手指很容易疲劳，不能长时间坚持，所以必须尽快换用其他方法。

3. 操作要点

（1）准确掌握动脉压迫点。

（2）压迫力度适中，以伤口不再出血为准。

（3）压迫时间10～15分钟，仅是短时间的控制出血。

（4）若是四肢出血，应抬高患肢。

4. 常用的指压止血法有以下几种

（1）**头后部出血**：压迫枕动脉。压迫点位置：用拇指或其余四指压迫同侧耳后乳突与枕外隆凸之间，将动脉压向乳突（图2-6拇指压迫处）。

（2）**额部、颞部出血**：压迫颞浅动脉。压迫点位置：同侧耳屏前方下颌关节处（图2-7）。

图2-6　压迫枕动脉止血

（3）**眼睛以下的面部出血**：压迫面动脉。压迫点位置：咬肌前缘，下颌骨下缘，将动脉压向下颌骨。有时需要同时压迫两侧才能止住出血（图2-7）。

（4）**颈部出血**：压迫颈动脉。压迫点位置：如图2-7所示。

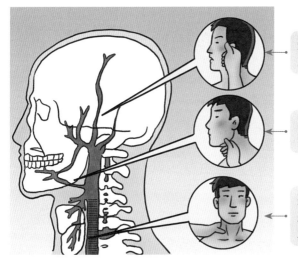

颞部出血：耳前下颌关节处压迫颞浅动脉

面部出血：下颌骨处压迫面动脉，有时需两侧同时压迫

颈部出血：在颈根部、气管外侧摸到跳动的颈动脉向后、向内压迫

图2-7　头面部、颈部出血常用指压部位

（5）**腋窝及肩部出血**：压迫锁骨下动脉。压迫点位置：锁骨上窝中部，将动脉压向第1肋（图2-8）。

（6）**前臂出血**：压迫肱动脉。压迫点位置：在上臂找到肱二头肌内侧沟的中部，将动脉压向肱骨；或于肘窝处压迫肘动脉（图 2-8）。

（7）**手掌、手背出血**：压迫桡、尺动脉。压迫点位置：在手腕横纹稍上处，即近心端处，压迫内外两侧，将动脉分别压向桡骨和尺骨（图 2-8）。

（8）**手指出血**：用拇指、示指分别压迫手指的根部两侧动脉处（图 2-9）。

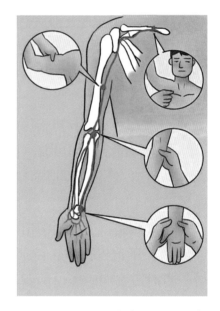

图 2-8 上肢出血常用指压部位

（9）**大腿出血**：压迫股动脉。压迫点位置：大腿根部腹股沟的中点稍向下一点（图 2-10）。

（10）**小腿出血**：压迫腘动脉。压迫点位置：腘窝处（图 2-10）。

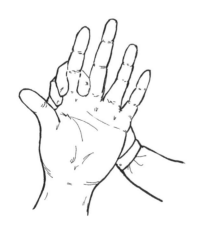

图 2-9 手指出血压迫点

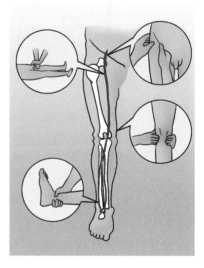

图 2-10 下肢出血常用指压部位

（11）**足部出血**：压迫胫、足背动脉。压迫点位置：胫前动脉位于足背中部近脚腕处；胫后动脉位于足跟与内踝之间（图2-10）。足背动脉在足背中部最高点附近。

（四）填塞止血法

1. **适用范围** 适用于伤口较大较深，出血多，组织损伤严重的。

2. **方法** 用消毒纱布、敷料（如无，则用干净的布料替代）填塞在伤口内，再用加压包扎法包扎。此方法应用范围比较局限，由于在取出填塞物过程中，有再次大出血的可能，因此需行手术等方式尽快彻底止血（图2-11）。

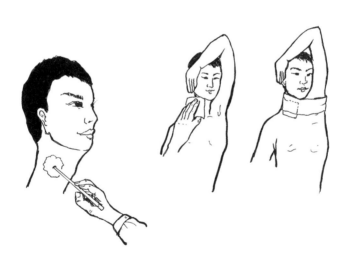

图 2-11 填塞止血法

（五）加垫屈肢止血法

1. **适用范围** 适用于四肢出血量较大，且肢体无骨折，骨关节无损伤时。

2. **方法**　在出血部位放置一绷带卷或纱布垫，然后用绷带、三角巾将肢体屈曲固定而达到止血的目的（图 2-12）。

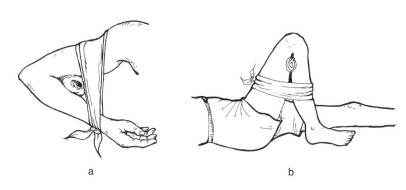

a　　　　　　　　　　　　　　b

图 2-12　加垫屈肢止血

（1）**前臂出血**：将纱布垫或衣物、毛巾等放置在肘窝处，屈曲肘关节，用绷带或三角巾固定。

（2）**上臂出血**：将纱布垫或衣物、毛巾等放置在腋窝处，屈曲前臂于胸前，将上臂用绷带或三角巾固定在前胸。

（3）**小腿出血**：将纱布垫或衣物、毛巾等放置在腘窝处，屈曲膝关节，再用绷带或三角巾固定。

（4）**大腿出血**：将纱布垫或衣物、毛巾等放置在大腿根部，屈曲髋关节及膝关节，将腿与躯干用绷带或三角巾固定。

3. **操作要点**

（1）注意肢体远端的血液循环，每隔 40 ~ 50 分钟缓慢松开 3 ~ 5 分钟，防止肢体坏死。

（2）对疑有骨折或关节损伤的伤员，不可使用。

（3）此法会造成伤员较大痛苦，因为有可能会压迫血管或神经，并且搬动伤员不方便，故不宜首选。

（六）止血带止血法

1. **适用范围**　只适用于四肢大出血的临时止血，当其他止血方法不能有效止血而有生命危险时，方可采用此方法。但该法可能导致肢体坏死、急性肾功能衰竭等严重并发症，应尽量少用。

2. **材料**　专用的制式止血带有充气止血带、橡皮止血带（橡皮条和橡皮带）等，以充气止血带的副作用更小，效果更好些。若没有专业止血带，紧急情况时也可用绷带、三角巾、布条等代替。

3. **几种常用的止血带止血法**

（1）**勒紧止血法**：先将绷带、或带状布料、或三角巾折叠成带状，在伤口上部扎两道勒紧伤肢，里面一道作为衬垫，外面一道压在其上适当勒紧以止血。

（2）**绞紧止血法**：将叠成带状的三角巾或绷带，平整地绕伤肢一圈，两头朝上拉紧，打一活结，在结下穿一小木棒（或笔杆、筷子），旋转小木棒使三角巾或绷带绞紧直到出血停止，之后将小木棒固定在肢体上（图 2-13）。

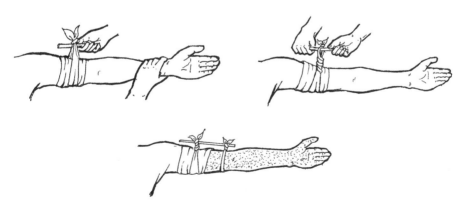

图 2-13　绞紧止血法

（3）**橡皮止血带止血法：**在伤口的近心端，用纱布（或毛巾、衣服等）作为衬垫，用橡皮止血带在其上打一活结：用左手持止血带的头端，将长的尾端绕肢体一圈后压住，头端再沿肢体绕一圈，然后用左手夹住尾端后将尾端从止血带下拉过，由另一缘牵出，即成为一个活结。这样放松止血带时，只需将尾端拉出即可。注意缠绕不得过紧或过松，松紧度以远端动脉搏动刚好消失为宜（图2-14）。

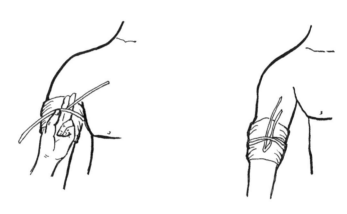

图2-14　橡皮止血带止血法

（4）**充气止血带止血法：**充气止血带原理类似血压计，有压力表明确压力值，易均匀施压，效果较好。将止血带的袖带绑在伤口的近心端，对袖带进行充气，从而起到止血的作用（图2-15）。

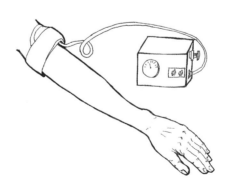

图2-15　充气止血带止血法

（5）**卡式止血带止血法**：卡式止血带使用的是涤纶松紧带，将其绕伤口近心端一圈，然后类似于双肩包背带一样，将插入式自动锁卡扣插进活动锁紧开关内，拉紧涤纶松紧带，直至伤口不出血为止。放松止血带时，用手向后扳即可。解开止血带时，按压开关即可（图2-16）。

图2-16　卡式止血带止血法

4. **注意事项**

（1）**放置部位**：止血带放在伤口更靠近心脏的一侧，专业名称叫"近心端"，但不要离伤口太远，要尽可能靠近伤口。

（2）**松紧适宜**：有压力表时，上肢标准压力为250～300mmHg，下肢压力为300～500mmHg；无压力表时，则以停止出血且远端刚好触不到动脉搏动为原则。

（3）**皮肤衬垫**：应使用棉垫、毛巾、衣服或三角巾等先平整地垫在伤口近心端，再使用止血带，切记不能将止血带直接扎在皮肤上，否则会勒伤皮肤。禁用钢丝、电线、0.5cm以下的细绳索等直接扎在皮肤上。

（4）**控制时间**：应越短越好，一般不超过1小时，最长不宜超过3小时；若需要延长，则应每隔1小时放松一次，放松时可用手压迫出血点近心端临时止血。2～3分钟后再在该平面上方或下方重新绑扎止血带，严禁反复绑扎同一部位。

（5）**标记要明显**：必须在患者体表（止血带附近）作出很显眼的标记，标明绑扎止血带的时间，以便之后的救护人员进行下一步处理。

（6）**解除止血带：**解除时要缓慢松开止血带，这是因为当肢体血流突然增加时，毛细血管可能受损伤，且全身血液会重新分布，可能会导致血压下降。因此切忌突然完全松开。

（7）**注意保暖：**因肢体血流阻断后，抵御寒冷能力会下降，若不注意保暖，有可能发生冻伤。

（8）**禁忌：**伤肢远心端本已有明显缺血，或是严重挤压伤时禁用此种方法止血。

第四节　包扎

一、包扎的目的

1. 保护伤口，防止进一步污染，减少感染机会。
2. 固定敷料、药品和骨折位置。
3. 压迫止血及减轻疼痛。
4. 保护内脏和血管、神经、肌腱等重要解剖结构。
5. 有利于转运伤员。

二、包扎的要求

1. **快**　要快速发现有无伤口，快速检查伤口情况，尽快评估伤情，尽快确定包扎方式，并找到合适的包扎材料，最后包扎的动作要快。

2. **准**　要准确包扎伤口，全面覆盖创面。

3. **轻**　动作虽快但要轻柔，不要随意压碰伤口，从而增加伤员的疼痛和伤口的出血量。

4. **牢** 包扎宜松紧适宜，过松易滑脱，过紧易影响神经血管功能。打结时应避开伤口和不宜压迫的部位。

5. **细** 要仔细处理伤口。这里注意在找到伤口后脱衣服时，要先脱没有受伤的一侧，后脱有伤口那一侧，而穿衣时则正好相反。

三、包扎的材料

尽可能采用无菌敷料，如绷带、三角巾等。现场也可用洁净的毛巾、手绢、衣物等，就地取材。

四、包扎的方法

（一）绷带包扎

常用的绷带包扎法 大部分是由以下 5 种基本包扎法结合变化而成。

（1）**环形包扎法：** 环形缠绕数圈，每圈盖住前一圈。

此法多用于额部、颈部及腕部的包扎；或者在其他包扎过程的初始和终末，用此法缠两圈以固定绷带（图2-17）。

（2）**螺旋形包扎法：** 每圈倾斜一点，螺旋向上缠绕包扎，每圈遮盖前一圈的 1/3 ～ 1/2。

适用于如上臂、前臂、大腿、躯干、手指等身体直径基本相同的部位

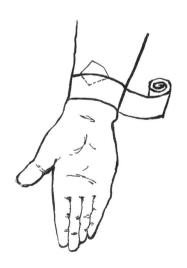

图 2-17 环形包扎法

（图 2-18）。

（3）**螺旋折转包扎法**：此法同螺旋形包扎法，但每圈都要反折一下。用左手的拇指压在绷带上的折转处，右手将绷带卷反折向下缠绕肢体拉紧，每圈遮盖前一圈的 1/3 ～ 1/2，每一圈的反折处必须在同一直线上，注意返折处不要落在伤口处及骨隆凸上。

适用于如前臂、小腿等直径大小不等的部位，该法可使绷带更加贴合（图 2-19）。

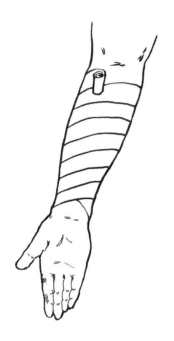

图 2-18　螺旋形包扎法

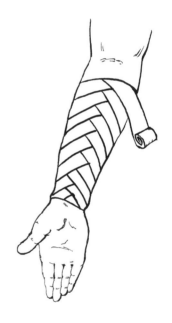

图 2-19　螺旋折转包扎法

（4）**"8" 字包扎法**（图 2-20）

1）敷料覆盖伤口。

2）如包扎脚时从踝部开始，环行缠绕两圈；经脚和踝部一圈向上、一圈向下 "8" 字形缠绕包扎，每圈和前一圈在正面相交，并压盖前一圈的 1/2；绷带尾端在踝部固定。

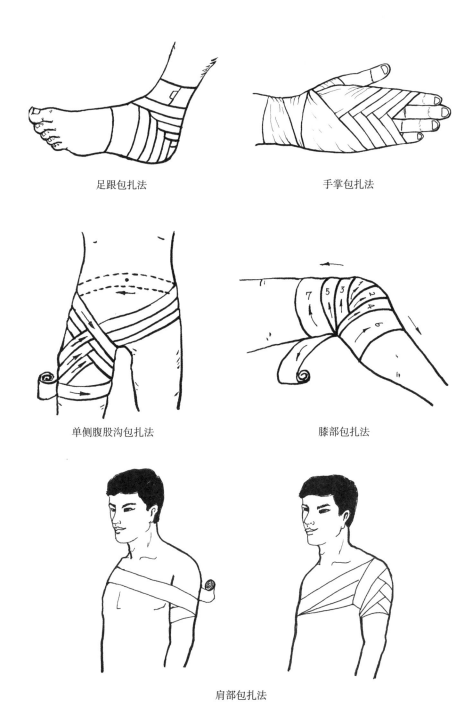

足跟包扎法

手掌包扎法

单侧腹股沟包扎法

膝部包扎法

肩部包扎法

图 2-20 "8" 字包扎法

3）如包扎关节时，在关节上方初始端用环形包绕数圈，然后将绷带围绕关节反复斜行缠绕，每圈压过前一圈的 1/3 ～ 1/2，并在关节凹面处交叉。

适用于手掌、踝部及关节。尽量选用弹力绷带。

（5）回返包扎法（图 2-21）

1）先将绷带以环形包扎法缠绕数周。

2）由另一施救者在后部将绷带固定，反折后绷带由后部经头顶或截肢残端向前。

3）也可由另一施救者在前部将绷带固定，再反折向后，如此反复，每一来回均覆盖前一圈的 1/3 ～ 1/2，直至包住整个伤处顶端。

4）最后将绷带再环绕数圈，将反折处压住固定。

适用于头部、肢体末端或断肢部位的包扎。

图 2-21　回返包扎法

（6）绷带包扎的注意事项

1）绷带包扎时，每圈的压力需均匀，松紧适度，不能有皱折。若发现绷带缠绕肢体的远心端皮肤发紫，手、足的指甲发紫，或者肢体感觉消失，甚至手指、足趾不能活动，则说明绷带包扎得过紧，应立即松开绷带，重新包扎。

2）包扎开始和终末均应环形固定两圈，顺序一般是由远端向近端缠绕，且每圈与前一圈重叠的宽度以绷带的 1/2 或 1/3 为宜。

3）四肢伤口出血应使用绷带将患肢远端一并缠起，这样是为避免远端血液回流不畅而发生肿胀，但必须露出末端指（趾）节，用以观察肢体的血运情况。

4）可以用打结、胶布、安全别针等固定绷带，但不可将其正好固定在伤口处、骨隆凸上、发炎部位、四肢的内侧面或容易摩擦及受压的部位。

5）不能在伤口上直接使用绷带，应先加盖敷料。

（二）三角巾包扎

现场应用时三角巾可折叠成燕尾式或条带状（图 2-22）。包扎方法因部位不同而不同，灵活应用。

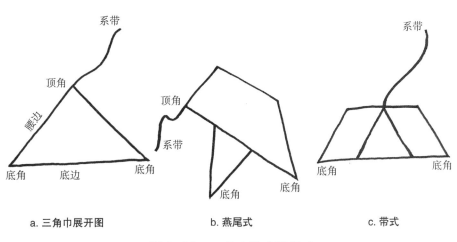

a. 三角巾展开图　　　　b. 燕尾式　　　　c. 带式

图 2-22　三角巾的应用样式

不同伤部的三角巾包扎方法：

1. **头顶帽式包扎法**　将三角巾底边折成宽4cm的边，置于前额齐眉处，巾体向头后盖住头顶，两底边经双耳上方拉向头后部，交叉绕回向前额，在前额打结，将顶角拉紧掖入头后交叉处（图2-23）。

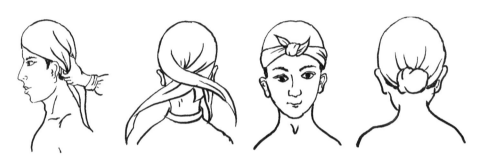

图 2-23　头顶帽式包扎法

2. **头部风帽式包扎法**　将三角巾顶角打一结放在前额部，再将三角巾底边中点处打一个结放于脑后下方，形成风帽包住头部，两底角向下拉紧，再反折成5～6cm宽的边于下颌处交叉，拉向脑后打结固定（图2-24）。

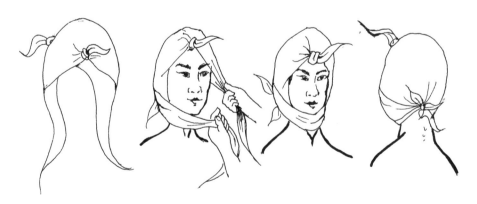

图 2-24　头部风帽式包扎法

3. **面具式包扎法**　将三角巾顶角打一结放下颌处，覆盖面部，然后将底边两角拉向脑后交叉，绕回前额打结。在覆盖面部的三角巾对应眼、鼻、口的部位开洞（图 2-25）。也或将三角巾顶角打一结放头顶处。

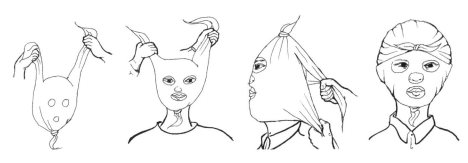

图 2-25　面具式包扎法

4. **单眼包扎法**　将三角巾折叠成条带状，宽 8 ～ 10cm，斜形包扎单侧受伤的眼后绕到头后部打结（图 2-26）。

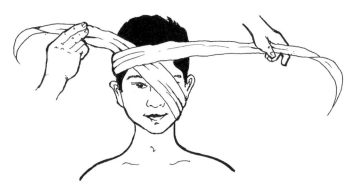

图 2-26　单眼包扎法

5. **双眼包扎法**　将三角巾折叠成条带状，宽约三指。条带中段放在头后枕骨位置上，两旁分别从耳上拉向眼前，覆盖双眼后交叉，再从耳下绕回头后枕骨下部打结固定（图 2-27）。

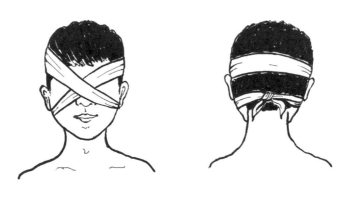

图 2-27　双眼包扎法

6. 单肩包扎法　用无菌或洁净的敷料覆盖伤口，将三角巾折叠成燕尾式，从伤侧腋下穿过，前边预留长度要稍大于后边，在肩部交叉，后侧边压在前侧边上面，朝向对侧腋前打结，注意燕尾底边两角要包绕手臂上 1/3（图 2-28）。

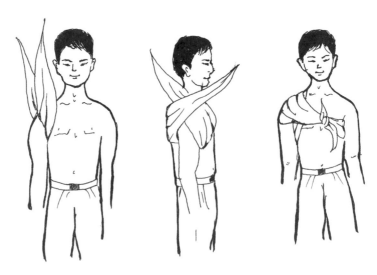

图 2-28　单肩包扎法

7. **双肩包扎法** 用无菌或洁净的敷料覆盖伤口，将三角巾折叠成燕尾式，燕尾夹角为 100° ～ 120°，从后披在双肩上，燕尾夹角对准颈后正中部，燕尾角过肩，由前向后，在腋前（后）与燕尾底边包扎打结（图 2-29）。

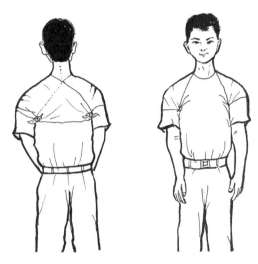

图 2-29 双肩包扎法

8. **前胸包扎法** 将三角巾折叠成燕尾式，放在前胸，两燕尾底角缠到背后打结，再将顶角与之在背后打结（图 2-30）。背部包扎则是在胸前打结。

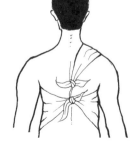

图 2-30 前胸包扎法

9. **腹部包扎法**　三角巾倒放，顶角朝下，两底角从腹部拉紧至腰部打结，顶角经会阴部拉至腰部与之前两底角的连接处打结（图 2-31）。

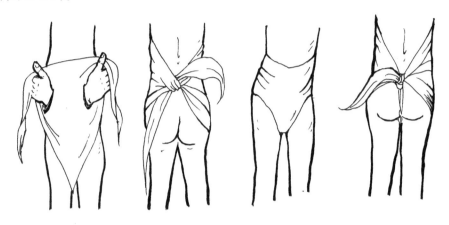

图 2-31　腹部包扎法

10. **单臀部包扎法**　三角巾的腰与伤员的腹部（平腰线）平行放置，将顶角放置于伤侧，并从伤员背侧绕至裤裆下方，将顶角的系带缠绕在大腿根部数圈后掖入圈线中，然后将垂在下面的底角上翻，拉向健侧腰部结扎固定（图 2-32）。

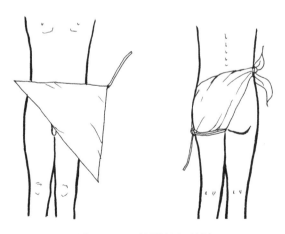

图 2-32　单臀部包扎法

11. **上肢包扎法** 三角巾顶角向上，把一底角打结后套在伤侧手上，另一底角从肩背拉向对侧肩膀，然后将顶角由外向里缠绕数圈包扎伤肢，再屈曲前臂至胸前，将两底角打结（图2-33）。

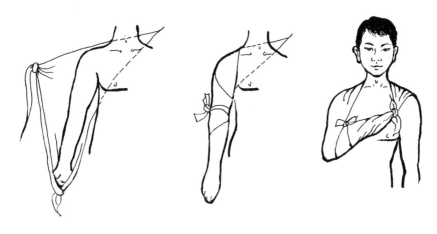

图2-33 上肢包扎法

12. **足部包扎法** 将三角巾底边冲后，把脚掌平放在三角巾中央，趾间可插入敷料，将顶角折回盖于脚背上，两底角在脚背上方交叉，绕行脚踝后方，最终在脚踝前方打结（图2-34）。

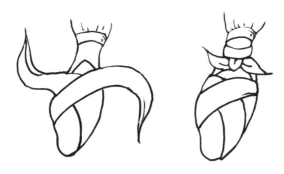

图2-34 足部包扎法

13. **肘关节包扎法** 将三角巾折叠成条带状，将条带的中段放在伤口处，包绕关节一周后打结（图 2–35）。

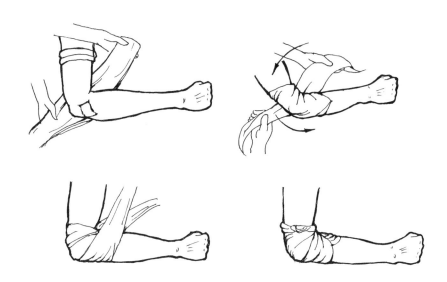

图 2–35 肘关节包扎法

知识拓展

三角巾包扎注意事项：

（1）包扎伤口时，避免随意触碰伤口，从而增加伤口出血及污染概率，也会加重伤员的疼痛。

（2）要求包扎人员动作要迅速、谨慎、轻柔。

（3）包扎时松紧度要适宜，过紧可能影响血液循环，过松敷料有可能移动甚至脱落。

（4）包扎应尽可能整齐、妥帖、舒适，并使伤处尽量处于功能位置。

第五节　固定

一、固定的目的

1. 保护止血、包扎措施的有效和稳定，减轻伤员的痛苦。

2. 骨折伤固定后保持损伤时的体位，可有效避免二次损伤，尤其是对于皮肤、神经和血管。

3. 有利于伤员的安全搬运。

二、骨折的判断

1. **疼痛**　用手指轻按受伤处，看是否有疼痛加剧或可摸到骨折断端者。

2. **畸形**　受伤部位或伤肢外观看已变形，伤肢比健肢明显弯曲或缩短，以及有其他情况的异常位置者。

3. **肿胀**　受伤部位明显肿胀，活动时疼痛加剧或肢体活动受限者。

4. **骨擦音或骨擦感**　轻微移动肢体，受伤部位有骨摩擦音者。但该检查要慎重，因其有增加伤员痛苦，甚至会并发血管刺伤、神经受损的风险。

5. **功能障碍**　如下肢骨折，则不能站立；关节附近骨折，则不能伸屈；肋骨骨折，则呼吸困难等。

三、固定的材料

固定器材多选用夹板，有木质、金属、充气性夹板或可塑性树脂夹板等不同类型，还有其他的如特制的颈部固定器（颈托）、各种肢体支具等。但紧急时可就地取材，如杂志、硬纸板、报纸等，还可直接用伤员的躯干或健侧肢体进行临时固定（图 2-36）。

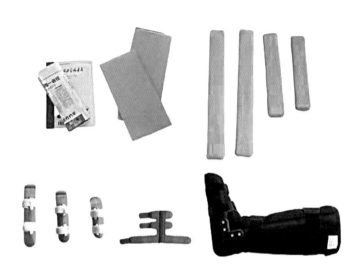

图 2-36 固定用材料

四、操作要点

1. 固定时应避免不必要的搬动，采取就地固定，以免增加伤者的疼痛和血管神经损伤；但如果现场对生命安全有一定威胁，则要先转移至安全区再实施固定。

2. 操作要轻柔，夹板在使用时要加衬垫。

3. 固定牢固度要适宜，不能过紧或过松。先固定骨折的上端（近心端），再固定骨折的下端（远心端），注意绷带不要恰好系在骨折处。

4. 前臂、小腿的骨折，为了避免肢体旋转及骨折断端相互接触，要将夹板放置在损伤部位的两侧。

5. 固定时，尽可能使上肢呈屈肘位，下肢呈伸直位。

6. 应露出指（趾）端，便于检查末梢血液循环。

五、注意事项

1. 有出血，先止血、包扎，再固定骨折部位；但若发生了休克，则应先行抗休克。

2. 在处理开放性骨折时，为避免造成感染，切记不可直接还纳未经清创的骨折断端（图 2-37）。

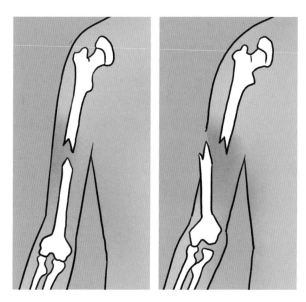

图 2-37 开放性骨折

3. 肢体如有畸形，可按畸形位置固定。

4. 夹板固定时，长度必须超过骨折上、下两个关节，宽度要与骨折的部位相适应。

六、具体方法

1. **颈部固定法** 颈部损伤患者，伤员仰卧，在头枕部垫一薄枕，使头颈部呈正中位，头部不可左右转动，亦不可前屈或后仰，可在颈部两侧用衣物或枕头挤压。有颈托者直接用颈托固定即可（图 2-38）。

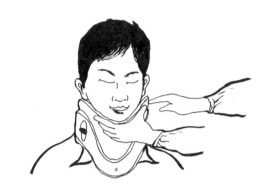

a. 颈托固定法

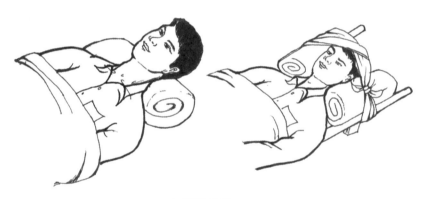

b. 仰卧固定法

图 2-38　颈部固定法

2. **锁骨骨折固定法**　用敷料铺在两腋前上方，将三角巾叠成条带状，两端分别缠绕两肩，将三角巾的两头拉紧于背后打结，尽量使两肩后张。也可将 T 形夹板放于背后，在双肩及腰部用绷带固定。单侧锁骨骨折时，将患侧手臂用三角巾兜住并悬挂于胸前，限制上肢活动即可；亦可用锁骨固定带来固定（图 2-39）。

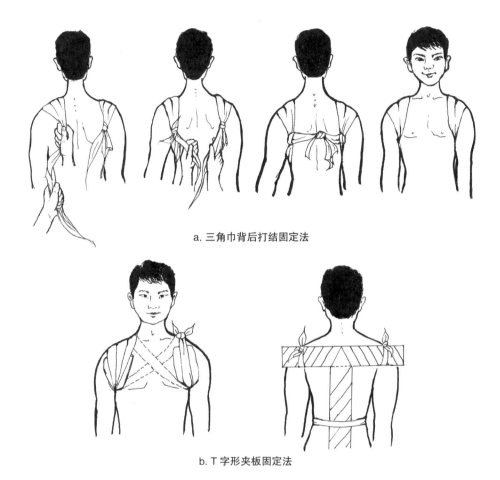

a. 三角巾背后打结固定法

b. T 字形夹板固定法

图 2-39 锁骨骨折固定法

3. 肋骨骨折固定法 取厚毛巾盖住整个伤侧半边的胸部，用 3 根三角巾分别叠成条带状由下至上包绕毛巾在健侧打结固定。

4. 上臂骨折固定法 选取两块夹板，要一长一短，长夹板长度要大于上臂，置于上臂的后外侧，短夹板置于上臂前内侧，然后用绷带固定骨折部位的上下两端。再将肘关节屈曲 90°，用三角巾悬吊上肢固定于胸前。若没有夹板，准备两块三角巾（或绷带亦可），一块儿在颈后打结，用来悬吊屈曲成 90° 的上臂，另一块儿环绕伤肢上臂包扎固定于胸侧（图 2-40）。

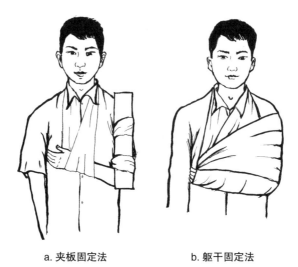

a. 夹板固定法　　　　　　　b. 躯干固定法

图 2-40　上臂骨折固定法

5. 前臂骨折固定法　将伤肢前臂屈肘成 90°，手心朝向胸部，取两块夹板，其长度超过整个前臂的长度，分别置于前臂内外两侧，将三角巾叠成条带状或使用绷带固定夹板两端，再用另一块儿三角巾将前臂悬吊于胸前，使之处于功能位。无夹板时亦可就地取材，如用衣服固定（图 2-41）。

a. 夹板固定法　　　　　　　b. 衣服固定法

图 2-41　前臂骨折固定法

6. **大腿骨折固定法**　选取一长一短两块夹板，长夹板不短于腋下到足跟的长度，放在伤肢的外侧；短夹板不短于从大腿根部到足跟的长度，放在伤肢的内侧。注意将夹板与皮肤空隙部位塞满棉垫，用条带状三角巾、绷带或者腰带等分段将夹板固定。足部用绷带行"8"字固定，使足与小腿呈直角（图 2-42）。

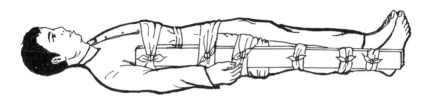

图 2-42　大腿骨折固定法

7. **小腿骨折固定法**　取两块长度自足跟到大腿的夹板，分别放在伤腿内外两侧，用条带状三角巾或绷带进行分段固定。若无夹板，可用健肢固定法，即将伤员两脚对齐，双下肢并紧，将伤侧肢体与健侧肢体用条带状三角巾或绷带分段固定在一起，注意在两小腿之间和关节的空隙处塞满棉垫（图 2-43）。

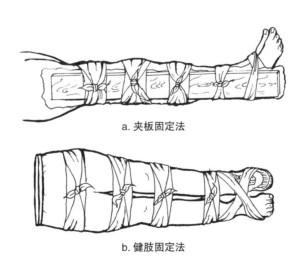

a. 夹板固定法

b. 健肢固定法

图 2-43　小腿骨折固定法

8. **脊柱固定法** 伤员仰卧于硬板上，不得随意移动，必要时可用绷带固定伤员，可在伤处垫一毛巾卷或枕头，使脊柱稍向前曲（图2-44）。

图2-44 脊柱固定法

9. **骨盆骨折固定法** 伤病员取仰卧位，两膝下放置棉被、大毛巾卷、衣物等软垫，使膝部屈曲，这样可以减轻骨盆骨折的疼痛；用绷带或宽布带从臀后方向前缠绕捆扎骨盆，要有一定的牢固度。两膝也要用绷带或宽布带捆扎固定，且两膝缝隙处要加衬垫（图2-45）。

图2-45 骨盆骨折固定法

10. **手指骨折固定法**　可用短筷子或雪糕棍作小夹板，再用两片胶布将其粘合固定。若无夹板，也可以把伤肢与健肢粘合固定（图 2-46）。

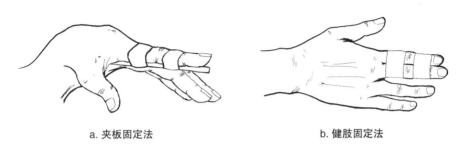

　　a. 夹板固定法　　　　　　　　　　　b. 健肢固定法

图 2-46　手指骨折固定法

11. **异物固定法**　当例如大玻璃片、刀、钢条等异物刺入人体时，不要现场拔出，因为有可能大出血。正确的做法是把异物先固定住，使其不能移动，从而避免引起继发损伤（图 2-47）。

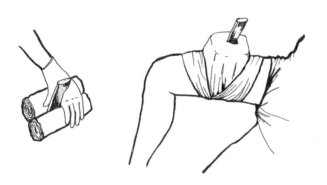

图 2-47　异物固定法

第六节 搬运

一、基本原则

1. 首先迅速分析受伤现场情况并评估伤情，先救命后治病（伤）。

2. 动作要轻巧、迅速，避免不必要的震动。

3. 先进行必要的止血、包扎和固定后，才能搬运及转运伤员。按照伤情严重程度不同搬运次序不同，采用"越重越优先"原则。

4. 对疑有脊柱骨折的伤病员采用"轴向"搬运方式进行。

5. 在搬运的全程中，要随时密切观察伤病员的表情，注意其生命体征，遇病情恶化时，应该立即停止搬运，就地处理。

二、常用的搬运方法

1. **徒手搬运法** 适用于运送距离短，紧急抢救时。多数不适用于怀疑脊柱受伤时。

（1）徒手单人搬运法

1）扶行法：适用于没有骨折，伤势不重，能自己行走的伤病者。救护者将伤者手臂揽在自己颈肩上，一手抓紧伤者手腕，另一手绕过患者背部扶住其腰骶部，使伤者身体扶靠在救护者身上行走（图2-48）。

2）手抱法：适用于体重较轻

图2-48 扶行法

的伤者。救护者一手托其背部，另一手托其大腿将伤员抱起行进，伤员可用手抱住救护者的颈部（图2-49）。

3）背负法：适用于体重较轻、可站立的患者（图2-50）。

4）肩扛法：救护者站在伤员的一侧，单膝跪下，将伤员扛在肩上，一手搂住伤员的两腿，一手拉紧伤员的手慢慢站起（图2-51）。

图2-49　手抱法

图2-50　背负法

图2-51　肩扛法

5）拖拽法：直接从腋下拖拽，或把伤员放置在担架、衣服、床单、雨衣等物品上面拖走（图2-52）。

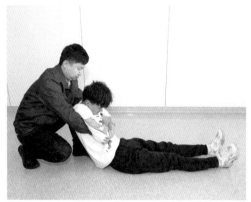

a. 腋下拖拽法

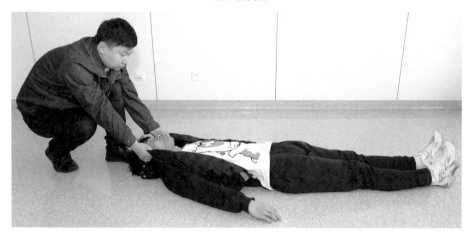

b. 衣服拖拽法

c. 毛毯拖拽法

图 2-52　拖拽法

（2）徒手双人搬运法

1）双人扶腋法：适用清醒、上肢没受伤的患者。

2）拉车式搬运法：一名救护员站在伤员的背后，两手从腋下将伤员抬起，另一名救护员站在伤员两腿中间抬起两腿，三人朝向同一方向，步调一致前行（图2-53）。

3）椅托式：适用于清醒、软弱无力的患者。两名救护员对立蹲或跪于伤员左右两侧，双手平行握住对方双手，连接的手臂分别拖住伤员的大腿及背部（图2-54）。

图2-53　拉车式

图2-54　椅托式

4）轿杠法：适用清醒、上肢没有受伤的患者。两名救护员对立蹲或跪于伤员左右两侧，各自用右手紧握自己的左手腕，左手再紧握对方右手腕，组成杠轿，让伤员坐在杠轿上，伤员两手臂放置于救护员颈后，救护员慢慢将伤员抬起，站稳，抬走（图 2-55）。

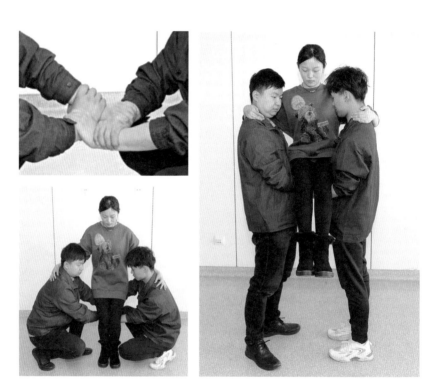

图 2-55　轿杠法

（3）**徒手多人搬运法：**适用于脊柱伤伤员。伤员的颈部、胸腰部、臀部及腿部由多人分别托住，同时抬起，同时放下（图 2-56）。

图 2-56　徒手多人搬运法

2. 担架搬运法　在现场救护搬运中，担架是最方便最常用的工具。由两名以上救护员按照正确救护搬运方法将伤病员移至担架上，注意应做好固定（图 2-57）。

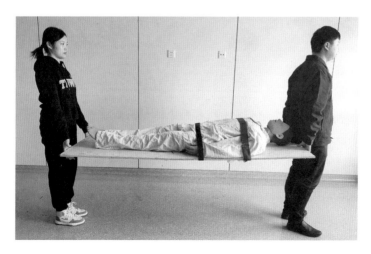

图 2-57　担架搬运法

注意事项

1. 应将伤病员固定于担架上。固定方向应为头部朝向后面，以便后面抬担架人员能够观察伤病员的病情变化。

2. 抬担架的多名人员步调要一致。同时始终将伤病员保持水平状态。

3. 为防止皮肤压伤，在帆布担架及简易担架上要先垫被褥等。在身体与担架有空隙的部位要用衬垫或衣物垫起。但此法不适宜骨折伤病员的搬运。

3. 其他器材搬运法

（1）**椅子：**适用于清醒且下肢无骨折的伤者（图 2-58）。

（2）**脊椎板：**适用于脊椎受伤者的紧急运送。

（3）**救护车抬床：**适用于所有伤者。

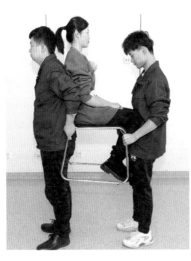

图 2-58　椅子搬运法

（4）**解救套**：适用于怀疑脊椎受伤者，尤其是坐于车中的伤者。

三、几种伤情的搬运方法

1. **脊柱骨折搬运法** 适用于 3～4 人搬运方法。操作要点为：①一人专门负责伤员的头颈部，另外三人在伤病员的同一侧（通常为右侧），分别负责伤病员的肩背部、腰臀部、膝踝部；一共三人时，可一人负责头颈部，一人胸腰部，一人负责下肢。②原则是保证伤病员的身体是直的，不弯曲，不扭动，4 名救护员同时用力，转动体位时同时转，平时同时平。③将伤病员双手置于胸前。负责头颈部的救护员双手掌撑开，五指打开，置于伤病员头颈部左右两侧，注意使头颈部与躯干保持在同一水平、同一轴位。负责躯干及四肢的救护员站好位置后先跪于地上，双手平伸到伤病员对侧；将其抬起放于脊柱板上，注意要平稳。④使用颈托或衣物、沙袋等固定头颈部；使用固定带将伤病员固定于脊柱板上（图 2-59）。

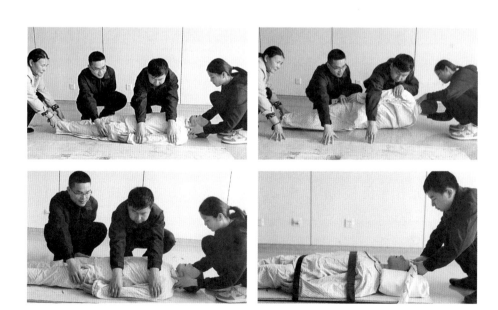

图 2-59 脊柱骨折搬运法

2. 骨盆骨折搬运法　适用于 3 ～ 4 人搬运。原则是尽量避免扭曲骨盆，因为可能会造成对骨盆的二次伤害。伤病员取仰卧位，膝下可加软垫，详见本章"固定"一节。2 ～ 3 人站在伤病员一侧，自头向脚，分别负责头、颈、胸、腰、臀、膝，还有 1 人在对面负责托住臀部，加固骨盆，救护员们手臂同时伸向伤病员，再同时用力将其托起放置于木板或者门板上，进行搬运。

3. 胸部损伤搬运法　伤病员仰卧位或半卧位。膝下可加软垫，从而使髋关节和膝关节均处于半屈曲状态，以减少腹壁的张力。

四、现场搬运注意事项

1. 现场救护时，要根据伤者的伤情和特点具体问题具体分析，因人而异，分别采取适当的搬运措施。

2. 昏迷者，要将其头部偏向一侧，以防痰液或呕吐物吸入肺内。

3. 当不确定伤者是否能够坐起或站立时，不要盲目尝试让其坐起或站立。

4. 对怀疑有脊柱、骨盆、双下肢骨折时不应让伤者尝试站立；疑有肋骨骨折的伤者不能采取背负法搬运；疑有脊柱骨折时禁止拉车式搬运。

5. 对于伤势较重，如有双下肢骨折、骨盆骨折、脊柱骨折、内脏损伤、昏迷的伤患者应使用担架搬运法。

6. 现场如无担架，可制作简易担架。

7. 抬担架下楼梯时，应当尽量保持水平位置。搬动要尽可能平稳，不要强拉硬拽，从而会加重损伤。

8. 转运途中要密切观察伤者的生命体征，如呼吸、脉搏的变化等。

9. 搬运伤者时动作要轻柔，尽量减少伤员的痛苦。且对于各种不同的外伤患者，在搬动时要注意对伤处的保护，如颅脑外伤者，要将伤者妥善固定在担架上，防止头部扭动和过度颠簸，故应有专人负责固定头部；脊椎骨折时要使其背部保持平稳；肢体骨折时应有人专门扶持患肢等。

10．天气寒冷时，应注意患者的保暖。

第七节　心肺复苏

一、心肺复苏的意义

心脏停搏一旦发生，如果得不到即刻及时地抢救复苏，4～6分钟后就会造成患者脑组织和其他重要器官组织的不可逆性损害，因此心脏停搏后的心肺复苏（cardiopulmonary resuscitation，CPR）必须在现场立即进行。

由于职业的特殊性，电力行业人员较其他行业人员触电的机会多，触电伤害危险也较其他行业人员大。而部分呼吸、心跳停止的触电伤员通过心肺复苏法抢救是完全可以救治的，甚至不留任何后遗症。所以，在电力行业中广泛开展心肺复苏术的培训，能最大限度地减少死亡事故的发生。

二、心肺复苏的步骤

第一步　评估和呼救

1. **意识判断**　轻拍患者双肩，凑近耳边大声呼唤："喂！同志，你怎么了？"熟人可喊名字。无反应基本可确定为意识丧失（图 2-60）。

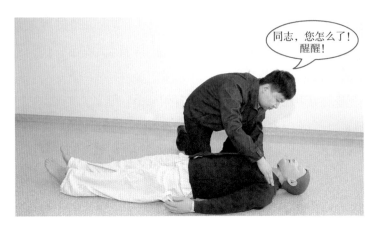

图 2-60　轻拍双肩、呼叫判断意识

（1）**判断颈动脉搏动**：食指和中指指尖触及患者气管正中部（相当于喉结部位），沿此水平滑至（约旁开两指）与胸锁乳突肌前缘交界的凹陷处。无搏动可确定为颈动脉搏动消失。

（2）**判断呼吸**

1）看：用眼睛切线位观察胸部有无起伏运动。

2）听：用耳朵靠近患者口鼻听有无气流音。

3）感觉：用面部感觉呼吸道有无气体排出。无呼吸或仅有微弱喘息，则可确定为呼吸消失（图 2-61）。

图 2-61　颈动脉搏动及呼吸的判断

（3）注意事项

1）判断颈动脉搏动时间及呼吸时间均不应超过 10 秒。

2）颈动脉要单侧触摸，力度适中。

2. 呼救 确认患者呼吸心跳停止，立即大声呼叫："来人啊！救命啊！"开始徒手心肺复苏急救，同时请旁边人拨打"120"电话（图 2-62）。

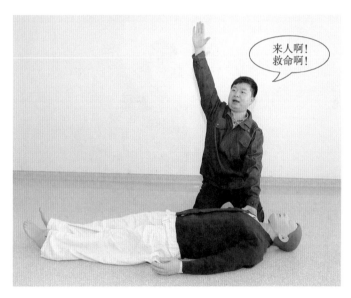

图 2-62　大声呼救

第二步　复苏体位的摆放

翻身时整体转动，注意头、颈与躯干在同一个轴面，使其仰卧于平坦的地面或硬板床上，双臂自然置于躯干两侧，解开衣物、腰带（图 2-63）。

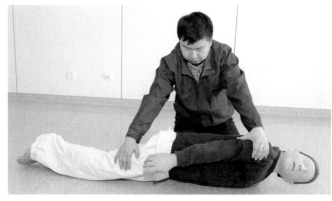

图 2-63　复苏体位的摆放

注意事项：

（1）对于心搏骤停的患者无论当时处于何种姿态或体位，都应迅速摆放为上述体位以符合复苏操作的基本需要。

（2）对头颈部发生创伤或怀疑有损伤的患者在摆放体位时，应将头、肩、躯干作为整体同步翻转，并且只有在绝对必要时才进行移动。

（3）不要垫枕头。

第三步 胸外按压

1. 按压部位 急救者双手手指交叉（或伸直）重叠，以一手掌根（多用左手）放于被抢救者胸骨中下 1/3 交界处，即胸部两乳头连线的正中胸骨上（图 2-64）。

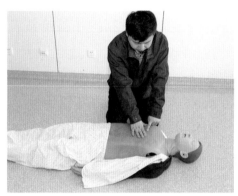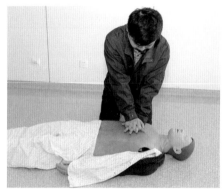

图 2-64 按压部位

2. 按压手法 确保手掌根部长轴与胸骨长轴一致，两肘关节伸直，上肢呈一直线，双肩正对双手，借助肩部及上半身力量垂直向下按压；要保证手掌根部的全部力量压在胸骨上，每次按压的方向必须与胸骨垂直（图 2-65）。

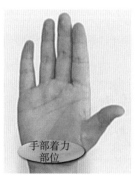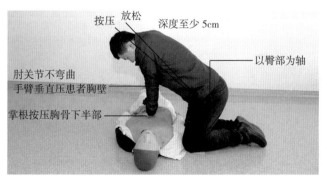

图 2-65 按压手法

3. 按压频率与幅度 按压频率每分钟至少 100 次，按压深度 5 ～ 6cm，应使胸廓完全回弹，确保下次按压前心脏完全充盈，尽量减少胸外按压中断的次数和时间。突然放松压力后手掌根部不离开胸壁，双手位置保持固定。

第四步 人工呼吸

1. 一手托起被抢救者下颌，另一手的拇、食指捏住被抢救者鼻孔（图 2-66）。

2. 抢救者吸气后，用口唇严密包盖被抢救者口部，用适当力量向被抢救者口腔内吹气，每次吹气持续 1 ～ 1.5 秒，吹入 500 ～ 700ml 气体（要求快而深），以可见被抢救者胸廓出现抬举动作为准（图 2-67）。

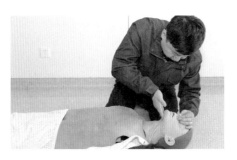

图 2-66　托举下颌、捏鼻

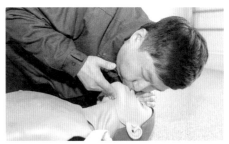

图 2-67　用力快而深地吹气

3. 吹气结束后，迅速移开口唇，同时放松被抢救者被捏紧的鼻孔，以利于被动吐气（图 2-68）。

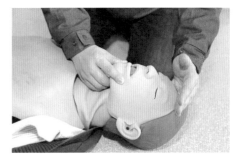

图 2-68　松鼻、分嘴

4．注意事项

（1）按压手法需要准确，双手交叉重叠的掌根部应与患者胸骨随按压起伏，不能离开胸壁，也不要移动错位，否则会发生肋骨骨折或内脏器官损伤。

（2）按压姿势需要准确，操作者肘部关节不能弯曲，否则用力达不到按压深度。

（3）按压用力方向需要垂直，不可冲击式或摇摆式，否则会引发并发症。

（4）提倡"用力按压、快速按压"，保证足够的强度和速率。

（5）按压后松弛力应适度，保证每次按压后胸廓回弹。

（6）保持按压与胸廓弹回/放松的操作时间接近相等。

（7）按压操作尽量减少中断，如若有多人参与复苏操作，应每2分钟或实施5个按压－通气周期（30∶2）再进行人员轮换。

（8）每次更换操作者的间断时间应该最短化，尽量控制在5秒内完成，最长也不应超过10秒。

（9）抢救者不宜采用频率过快、潮气量过大的过度通气方式；单人进行的心肺复苏时胸外按压∶人工呼吸比例应为30∶2。

第五步 再次评估

操作5个循环后再次判断颈动脉搏动及呼吸，判断时间不超过10秒，如已恢复，进行进一步生命支持；如颈动脉搏动及呼吸未恢复，继续上述操作5个循环后再次判断，直至高级生命支持人员及仪器设备到达。

（张蛟 张璐 张明 刘姝昱）

第三章

电力行业人员常见意外伤害与突发事件急救

第一节　触电

一、触电的症状

触电症状可因接触电流的持续时间、电压高低程度、电流强度等影响因素，有多种多样的临床表现。

1. **电击伤**　是指人体接触到电流时，轻症患者会出现面色苍白、神情呆滞、接触电流部位出现收缩等症状，且伴有全身乏力、头晕和心动过速。一部分患者可能当时的症状看似较轻，但会在1小时之后突然恶化。一部分患者接触到电流后，呼吸和心跳极其微弱，乃至暂停，即"假死状态"，需要认真鉴别，而且需要注意不能轻易放弃对患者的抢救。重症患者会出现持续抽搐、昏迷、室颤，甚至呼吸和心跳停止。

2. **电热灼伤**　皮肤灼伤处呈灰黄色，中央低陷，四周出现炎症反应。皮肤出口处的电流灼伤程度通常比入口处轻，通路处的软组织灼伤常会较严重。大块肢体软组织被电热灼伤后，其远端组织会发生缺血和坏死。红细胞膜损伤，血浆肌球蛋白升高，血浆游离血红蛋白增高，引起急性肾小管坏死性肾病。

二、触电现场急救

（一）触电现场急救原则

1. **迅速**　即迅速脱离电源，这是抢救的关键。
2. **就地**　即立即将触电者脱离电源，尽快就地进行急救。若现场环境对施救者和被救者有安全风险时，须把触电者转移到安全地带，进行环境安全评估后，再进行抢救。
3. **准确**　即准确地使用人工呼吸，具体操作参见本书第二章。
4. **坚持**　即坚持抢救触电者。

（二）触电现场急救步骤与方法

1. **脱离电源**　使触电者脱离电源方式包括：一是马上断开触电者接触的设备电源或导体；二是使触电者脱离带电物体。注意救助者自身要在保证自己安全的前提下，再抢救触电者（图3-1）。

图3-1　脱离电源

（1）**低压设备触电的营救**：若电门距离很近，可当即拉掉开关，关掉电源；当电源门距离较远，可用木棍或绝缘手套将电源与触电人员分离。

（2）**高压设备触电的营救**：发现有人高压设备触电时，应马上联系有关部门实施断电措施，切记不可直接用木棍或竹竿试图挑开与被救者接触的高压电设备。

2. **转移触电者** 触电者成功脱离电源之后，应立即将触电者移至凉爽通风处，让触电者躺在地板或木板上，采取仰面姿势，解开衣物。

3. **医护人员到达前的应急措施** 在医护人员到达之前，可实施以下急救措施（图3-2）：

图3-2 触电现场急救

（1）如触电者曾长时间触电或处在昏厥状态，在尚有知觉时，使触电者躺在地板或木板上，采取仰面姿势，做好保暖措施。同时密切监测其呼吸和脉搏状况。

（2）如触电者皮肤灼伤的程度较严重时，可先将该部位的衣服和鞋袜小心地剪下，然后在灼伤部位覆盖消毒的无菌纱布或消毒的洁净亚麻布，包扎好灼伤的皮肤。

（3）如触电者呼吸和脉搏的监测情况平稳，但已经无知觉，应使其安静平躺在干燥通风处，解开其腰带和紧身衣服。发现触电者有呼吸困难症状，则进行心肺复苏。

（4）如触及不到触电者脉搏，其呼吸停止，心跳停止，已没有生命的特征，应立即采用心肺复苏法进行抢救。

三、触电预防

1. 日常作业应严格按照国家标准《电力（业）安全工作规程》操作，减少错误，以防触电事故发生。

2. 学习必要的紧急救护相关知识，熟练掌握心肺复苏技术，以应对触电事故中出现的心搏骤停的情况。

3. 定期进行安全检查，及时处理隐患，及时纠正不安全风险因素和违规行为。

第二节 烧伤

一、烧伤的概念

一般指包括火焰、热液、高温气体和高温固体等引起的热力烧伤，表现为皮肤和/或黏膜损伤，甚至伤到皮下和/或黏膜下组织。

二、烧伤的症状

烧伤的严重程度主要根据伤的面积大小、部位和深度来判断。一般分为三度（图 3-3）：

图 3-3　烧伤分度

Ⅰ度（轻度）： 无水疱出现，只伤至表皮层，患处发红、肿胀，疼痛。

Ⅱ度（中度）： 有明显水疱，伤至真皮层，局部红、肿、热、痛。

Ⅲ度（重度）： 皮肤出现焦黑、坏死，由于神经损伤，疼痛反而不明显。

注：烧伤在头面部，或虽不在头面部，但烧伤面积大、深度深的，都属于严重者。

三、烧伤现场急救原则

烧伤的现场急救应遵循"冲、脱、泡、包、送"五字原则（图3-4）。

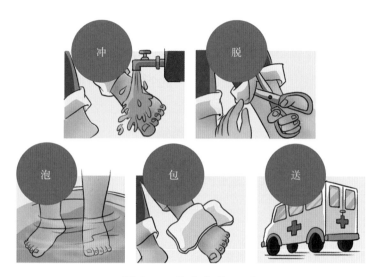

图 3-4　烧伤急救原则

1. **冲**　立刻脱离热源，用流动的冷水冲洗烧、烫伤伤面。

2. **脱**　若患处与衣物无粘连，可以边冲边脱。若患处与衣物有粘连，不可大力撕扯衣物，造成二次伤害。

3. **泡**　用流动的冷水持续给伤口降温，可预防起疱和病情加剧，切忌胡乱涂抹"药膏"。

4. **包**　用已消毒的纱布或干净的毛巾包伤口。

5. **送**　及时到医疗机构就诊。注意不要弄破小水疱，到医院及时就诊处理。

四、烧伤救护措施

1. **轻度烧伤**　伤处浸在凉水中或用流动的冷水冲洗，该措施可降温、止痛、减轻肿胀，减少余热对皮肤和其他组织的损伤。如果条件允许，可用冰块敷于烫伤的伤处，注意不要造成冻伤。

2. **中度烧伤**　伤处经浸在凉水中或用流动的冷水冲洗一定的时间后，出现水疱，并伴有疼痛、灼烧感等症状，可能是属于"二度（中度）烧烫伤"。这时不要自行弄破水泡，自行弄破水疱会导致伤处感染，应及时到医疗机构就诊。

3. 重度烧伤 切忌胡乱涂抹"药膏"，保持洁净，应立即用已消毒的纱布或干净的毛巾、衣服简单包扎，及时就诊，避免贻误伤情。

知识拓展

（1）这种"冷却治疗"在烧烫伤后要立即进行，如过5分钟后才浸泡在冷水中，则只能起止痛作用，不能保证不起水疱，因为这5分钟内烧烫的余热还会继续损伤肌肤。

（2）如果烧伤部位不是手或足，不能将伤处浸泡在水中进行"冷却治疗"时，则可将受伤部位用毛巾包好，再在毛巾上浇水，用冰块敷效果可能会更佳。

（3）如果穿着衣服或鞋袜部位被烫伤，千万不要急忙脱去被烫部位的鞋袜或衣裤，否则会使表皮随同鞋袜、衣裤一起脱落，这样不但痛苦，而且容易感染，迁延病程，建议"冷却治疗"。

第三节　眼鼻耳气道异物

一、眼内异物

眼内异物是电力作业场所常见的眼外伤之一。眼内异物主要包括铁屑、碎玻璃、灰尘、木屑等。电力从业人员在进行金属切削、电气焊（割）等操作过程中，常会有铁屑入眼的风险。

（一）眼内异物现场救护

进入眼内的异物大致可分为沙尘类、铁屑类、生石灰类和化学物品类，根据异物的种类，科学处理（图3-5）。

图3-5 异物入眼

1. 沙尘类异物入眼的现场救护 若发生异物入眼，不要用手揉搓，也不要用嘴吹眼，避免加重感染，可尝试提拉上眼皮，让异物随眼泪流出，也可用抗生素类眼药水、生理盐水等冲洗，异物不能除去时，则要及时到医院进行治疗。

2. 铁屑类异物入眼的现场救护 若铁屑等异物溅入眼睛内，甚至嵌入组织，切记不要来回勉强擦拭、盲目自行剔除和反复沾拭，可能会造成眼组织的二次损伤，应立即去专业医疗机构处置。

3. 生石灰类异物入眼的现场救护

（1）生石灰遇水会产生大量热量，损伤眼睛。若是在生产操作过程中，生石灰进入眼睛内，不可立即直接用清水冲洗，也不能盲目用手揉眼睛。

（2）应先用干净的布或消毒棉签将眼中的生石灰粒轻轻取出，然后用流动的清水冲洗受伤的眼睛，反复多次，至少15分钟，以达到降温、减轻余热损伤、减轻胀痛的作用。

（3）建议冲洗后立即去专业医疗机构处置。

（二）眼内异物急救注意事项

1. 异物进入眼内时，不要慌张，不可用手搓揉眼睛。

2. 畏光者可用眼罩或墨镜遮盖受伤眼睛。

3. 出现眼内异物，一定要及时将隐形眼镜摘掉，并及时就医。

4. 户外工作最好佩戴防护眼镜，预防异物入眼。

二、鼻腔异物

鼻腔异物，指鼻腔中进入外来异物。常见异物有动物、植物和非生物类。动物类，如昆虫等小动物；植物类，如果壳、花生、黄豆等；非生物类，如石块、泥土、纸卷、玩具、纽扣等。

（一）鼻腔异物的识别

1. 可表现为鼻腔的一侧堵塞，呼吸不畅。

2. 由于异物刺激，鼻腔黏膜充血水肿，鼻涕可表现为增多。起先为黏液，而后因继发感染，产生脓性鼻涕。

3. 异物如果长时间存在于鼻腔中，长时间的刺激会使鼻腔的黏膜糜烂、肉芽长出，出现鼻出血、鼻涕带血等临床症状。还可有干酪样物，并闻到不同程度的臭味。

4. 动物性异物进入鼻内后，大部分患者会出现虫爬感，严重者可发展为"鼻窦炎"。

（二）鼻腔异物现场急救

1. 安抚伤员的情绪，避免情绪激动，以防将异物吸入更深的位置。

2. 不建议自行处理，避免损伤鼻黏膜或者导致异物滑向更深的位置，建议尽快到专业医疗机构的耳鼻喉科就诊。

3．切忌自行抠出或者用镊子处理（图 3-6）。

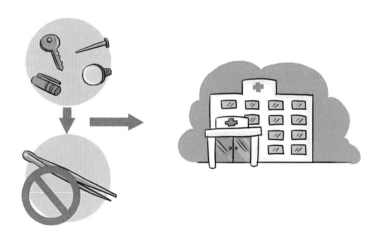

图 3-6 鼻腔异物急救

（三）鼻腔异物的预防

1．电力人员进行户外作业、巡山时，应避免饮用河水、池塘水、山泉水等生水，也不要用这些水来洗脸，防止蚂蟥或其虫卵钻进鼻腔或咽喉部。

2．野外工作时，严格遵守操作规程，杜绝爆炸等工伤事件的发生。

3．有野外作业经历的从业人员，如感到鼻腔中有异物，出现鼻痒、鼻出血等症状，应及时到医院就诊。

三、外耳道异物

外耳道异物是耳鼻喉科较为常见的耳部疾病，主要由外来异物进入外耳道引起。伤员多为成人，因在野外过夜处于睡眠状态，遭受昆虫自行侵入。夏季蚊虫肆虐，也是外耳道异物多发的季节。

（一）异物类型与表现

外耳道异物常见类型包括非生物类、植物类、动物类等。非生物性异物多为铁屑、石子等；植物性异物常见为小果核、谷粒等；动物性异物多发生于夏季和卫生环境不佳的环境内，如体型较小的昆虫爬或飞入耳内。

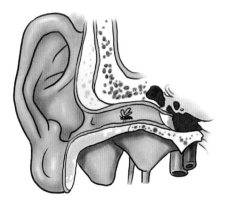

图 3-7　外耳道异物

外耳道异物轻症患者可表现为耳痛、耳鸣，严重者可表现为发脓、听力下降，所以处置须注意及时取出异物（图 3-7）。

（二）现场救护方法

如果盲目掏取外耳道异物，可能会引起异物刺破鼓膜，导致鼓膜穿孔、感染；如异物穿透鼓膜，进入中耳腔，损伤听骨链，将造成听力损伤，甚至失聪的严重后果。

1. 对有外耳道异物进入或怀疑有外耳道异物的人员，应及时送医，由专业医务人员取出。避免自行取出时不慎损伤外耳道及耳膜，或将异物越推越深，会加大医护人员取出异物的难度。

2. 异物取出后，应保持外耳道清洁，以防感染。

（三）急救注意事项及预防

1. 现场急救时，注意让伤员保持冷静，不要随意用身上可获取的工具来试图取出异物。因为在没有合适光源时，贸然使用挖耳勺、棉签等这类一头形状膨大的工具，可能会造成异物向耳道的更深处移动，会增加鼓膜的受损风险，不利于专业医生取出异物。

2. 禁止擅自使用自行制作的细铁丝、细针等工具企图钩出异物。原因是：外耳道略呈 S 形弯曲，若不熟悉耳道结构，易将坚硬锐利的物体伸进耳道内，损伤耳道壁乃至鼓膜。

3. 昆虫入耳，不建议用往耳朵里灌香油、用手电筒对着耳朵照射等方式自救。原因是：多数昆虫畏光，手电筒的照射可能会让其钻得更深。另外，浸泡方法最多限制其活动，很难将昆虫杀死。

4. 当蚊虫钻进耳朵里，不要硬挖硬掏，避免将虫子弄断在耳道内，继而引发虫卵的孵化。

5. 戒除不良挖耳习惯，以免遗留在耳朵内火柴棒、棉签等异物，造成耳道损伤。

6. 野外作业或露宿应注意个体防护，如戴上耳套，预防昆虫误入耳。

四、气道异物

气道异物梗阻是指食物或其他物品（如硬币、圆珠笔帽、衣扣）卡在咽喉部，导致气道阻塞，空气难以进入肺部。成人气道异物梗阻的原因多见于食物，肉食类最为常见，有义齿或吞咽困难的老年人较易发生。

（一）气道异物识别

异物可导致部分气道或完全气道梗阻，及时识别气道异物梗阻是影响抢救效果的关键（图 3-8）。

1. 完全性梗阻 由于异物阻塞喉部或堵住气道处，患者发绀、不

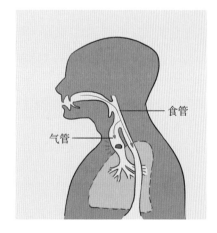

食管

气管

图 3-8 气道异物急救

能咳嗽、难以说话、呼吸困难。如果不及时解除气道异物，伤员可能会昏迷倒地、丧失意识、呼吸、心搏骤停的情况。

2. **不完全性梗阻** 伤员有咳嗽微弱无力、难以咳嗽或喘气微弱无力的症状，同时呼吸困难，张口吸气时，可听到异物冲击声，可观察到皮肤、口腔黏膜和甲床发绀。

（二）现场急救原则与注意事项

气道异物梗阻的现场急救要求救护人员具有救护技能，尽早、尽快识别气道异物梗阻的表现，迅速做出判断。先询问伤员"是否需要帮助"或"是否有异物梗阻"，如清醒的伤员点头示意表示同意施救，应尽快呼叫寻求帮助，并及时拨打急救电话，现场展开救护。

1. **若伤员表现出轻度气道梗阻症状** 不宜干扰其自行排除异物的努力，切勿立即对患者实施按压胸部、叩击背部、挤压腹部等措施，避免有可能导致气道梗阻加重或诱发严重并发症。鼓励其继续咳嗽，但应密切监测其是否发生严重的呼吸道梗阻。

2. **若伤员意识清楚，但表现为严重气道梗阻症状** 应立即对患者实施背部叩击，最多五次。如果上述措施无效，可用腹部冲击法五次。若仍无效，应继续交替实施五次背部叩击及腹部冲击，直至有效。注意要每次检查背部叩击和腹部冲击是否成功解除了气道异物梗阻，若解除了梗阻，不需要做满五次。

注意： 使用背部叩击法与腹部冲击法可重复、持续快速进行，直到异物被移除或伤员能咳嗽或讲话。

3. **若伤员失去意识** 应立即实施心肺复苏。忌直接试图使用手指盲目对呼吸道进行清理，除非可清晰看到异物，判断可用手指触及，才可试图用手指清除异物。

（三）现场救护方法

1. **背部叩击法** 适用于有严重气道异物梗阻症状但意识清楚的伤员（图 3-9）。

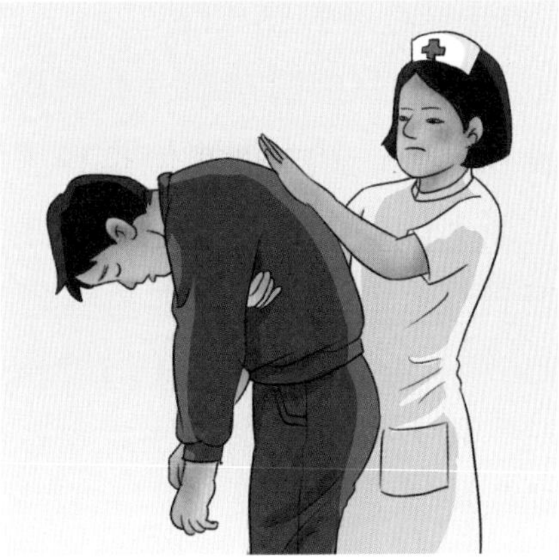

（1）确认环境安全。

（2）询问患者情况：①先生（女士），您是被噎住了吗？判断是否气道异物梗阻。②先生（女士），您还能说话吗？判断是否严重气道异物梗阻。

图 3-9 背部叩击法

（3）鼓励患者大声咳嗽，若患者无法自行咳嗽，应立刻对其实施急救。

（4）要求站在患者的一侧，身体稍微靠近患者的身后，双脚前后分立。

（5）一只手支撑患者胸部，使患者头部和上身前倾，防止出现异物顺气道滑下的情况；另一只手掌根置于患者的两个肩胛骨间，进行五次大力叩击。

💡 **温馨提示**

若 5 次叩击后症状未缓解，可使用海姆利克腹部冲击法，两法交替使用；若 5 次叩击后症状缓解，则停止叩击。

2. **海姆立克腹部冲击法** 适用于意识清楚、有严重气道异物梗阻症状，且进行 5 次背部叩击后症状仍未缓解的患者（图 3-10）。

（1）救护员站患者身后，一只脚放在患者两脚之间（固定患者）。

（2）双臂从患者腋下处环绕其腰部，令其上身、头部前倾（防止异物顺气道滑下）。

（3）一手握空拳，大拇指包裹在其中，其大拇指侧抵住患者肚脐上的2个横指处，另一只手包裹其上（注意，要远离剑突）。

（4）向内并向上（后脖颈方向）用力冲击5次，注意每次的动作应明显分开。

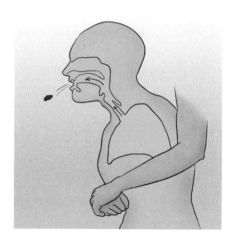

图 3-10　海姆立克腹部冲击法

（5）观察是否有异物排到口腔内，若有则协助除去，只有在看见异物的情况下才能用手指清理口腔异物；若无，则继续交替进行5次背部叩击法。

注意： 实施操作时，定位要准确。

3. 自我腹部冲击法　适用于具有一定救护知识、发生不完全气道异物梗阻，且尚有清醒意识的患者（图 3-11）。

（1）方法一

1）找位置，冲击位置与海姆立克腹部冲击法的冲击位置相同，应为脐上两横指处。

2）一手握空拳，大拇指包裹其中，拇指侧抵住脐上两横指处，另一手包裹其上。

3）用力、快速地向内、向上，即后脖颈方向，冲击若干次，每次冲击动作明显分开，重复冲击直到异物清除。

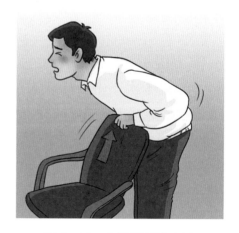

图 3-11　自我腹部冲击法

（2）**方法二**：将上腹抵在坚硬平面上，比如桌缘、椅背、走廊的栏杆等，向上并向内（后脖颈方向）冲击若干次，重复冲击直到异物清除。

4. **仰卧位腹部冲击法** 适用于昏迷的一般患者，或者施救者身材矮小不能环抱患者腰部的情况（图3-12）。

（1）确认环境安全。

（2）对于昏迷的患者要先判断意识，通过轻拍重喊，轻轻拍打患者两肩，并在患者两耳处大声呼喊的方法，确认无意识后进行下一步。对于清醒的患者应当在询问情况后，鼓励其大声咳嗽，若无法自行缓解，则进行下一步。

（3）让患者采取平躺姿势，仰头举颏，这样可打开气道，直接观察口腔，观察是否可以看到堵塞物，并判断是否可取出堵塞物，若不能则进行下一步。

（4）救护员采取骑跨姿势，在患者两大腿上或者跪于患者大腿旁，1个手掌根平放在患者脐上的2个横指处，不能触及剑突，另一只手置于第一只手背上，两只手的掌根处重叠，一起快速向上、

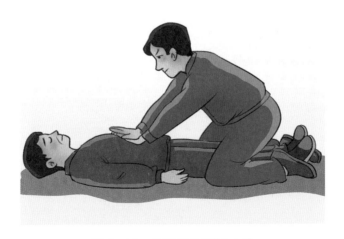

图3-12　仰卧位腹部冲击法

向内，即后脖颈方向，冲击患者的腹部。

（5）连续冲击 6 ～ 10 次，检查异物是否排出在口腔内，若有，则用手将异物取出；若无，再重复冲击腹部 6 ～ 10 次后检查。

 第四节 食物中毒

　　食物中毒是指食用被病原微生物或其毒素污染的食物后，导致的一种非传染性的急性或亚急性疾病。依据致病微生物的种类，食物中毒主要分为细菌性、真菌性、动物性、植物性和化学性五种类型食物中毒（图 3-13）。

图 3-13　食物中毒

一、食物中毒的识别

1. **与摄取的某种食物相关**　发病者一般食用了相同的食物，而未发病者则未食用该食物。

2. **潜伏期短，来势汹涌，呈暴发性**　食物中毒患者通常在 2 ～ 24 小时之内开始出现疾病症状。其涉及人数较多且具有聚集性，一般在 3 人以上。

3. **临床表现具有相似性**　多表现为肠胃炎症状，如发生头晕、恶心、呕吐、腹痛、腹泻等。因体质的异质性，还可能会出现发热、嗜睡、巩膜甚至全身黄染等症状。

4. **无传染性**　一般在人群中不会传染。

二、突发食物中毒的急救

1. **催吐**　是食物中毒急救最常用的方法。通过某种措施将已经吃进去的食物吐出来，最大程度减少有毒物质的吸收。中毒时间短且无明显呕吐者，可通过饮用大量温水催吐，若不能缓解，则可利用外部刺激（如筷子、手指等）反复刺激舌根催吐。若患者处于休克状态，需谨慎催吐。

2. **导泻**　当患者食用中毒食物时间较久时，此时催吐并不能将有毒物质排出。为了加快排出速度，可采用导泻的方法。此方法的前提是患者精神状态良好，且导泻药对症。

3. **保留食物样本**　确定中毒食物的性质是急救的关键环节。当发现食物中毒时，若食物还有剩余，则要带至医院；若食物无剩余，则要将患者的呕吐物或排泄物带至医院，以进一步检查鉴定，方便急救人员了解中毒原因并进行对症治疗。

三、食物中毒的预防

1. **注意食物的选择和食用方法**　食用新鲜、安全的食物是防止食物中毒的前提。做到彻底加热烹调的生食和贮存的熟食，立即食用烹调好的熟食，分置生、熟食品，避免同一刀具同时接触生、熟食。

2. **培养健康的饮食习惯**　不吃久置、变质的食物，如剩饭剩菜、发霉的花生等。

3. **提高食物的鉴别能力**　切勿自行采摘山上的野蘑菇，以及购买和食用河豚鱼等。

4. **保证就餐地点选择的标准**　若外出就餐，一定要选择有食品卫生许可证、营业执照等达到国家和卫生相关标准的餐饮单位。

第五节　溺水

据《全球溺水报告》统计，全球每年累计约 37.2 万人溺水死亡，按每小时计算，就有约 40 人溺水死亡，其数字着实可怕。在人群分布上，不足 25 岁的高达一半以上。在我国，其形势也极其严峻，每年累计约有 5.9 万人溺水死亡，95% 以上是未成年人。溺水后果十分严重，临床表现为眼睛充血、脸部肿胀、口吐白沫、四肢冰凉，严重者呼吸、心跳停止而身亡。加强溺水自救、施救和预防的相关教育至关重要。溺水存在一个生存链，包括五个环节，分别是预防溺水、识别灾难、提供漂浮物、移离水中和现场急救。针对该生存链展开溺水应急救援，有助于提升应急工作的高效性，从而减少人员伤亡（图 3-14）。

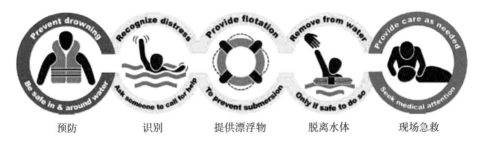

| 预防 | 识别 | 提供漂浮物 | 脱离水体 | 现场急救 |

图 3-14　溺水生存链

一、溺水的自救

1. 保持镇静，不要慌张，如果周围有人，及早大声呼救。呼救时手不要过于上举或拼命挣扎，因为这样容易下沉。

2. 放松全身，用脚踩水或采用仰泳法让身体漂浮，将头部露出水面等待救援。

3. 若突然发生腿部或手部抽筋的情况，此时又无法靠岸，应保持镇定，并立即求救。当求救无人，立即进行自救。腿部抽筋可潜入水下，保持憋气的同时，将腿伸直，并用手扳脚趾；手部抽筋，可反复上下屈伸手指，从而解除抽筋（图 3-15）。

图 3-15　溺水自救（水中足部抽筋）

二、溺水的施救

1. **一喊** 一旦发现落水者，立即大声呼救，寻找救助人，并拨打"110"电话。

2. **二递** 若现场有竹竿等长物且自身安全，可通过竹竿帮助落水者。但要注意采取一个重心较低的姿势，以避免被拖入水中。

3. **三浮** 若有泡沫块、救生圈等漂浮物，也可掷向溺水者，为救援赢取时间。

4. **四换** 若现场既没有竹竿等长物，也没有救生圈等漂浮物，为了拯救生命，可采取将衣物连接在一起，充当绳索，将其抛给溺水者。但过程中，也要趴在地上，或另一端系在不动的建筑或树上，以确保自身安全。

三、溺水的预防

1. 严格遵守规章制度，野外作业时，不要私自单独下水。

2. 选择游泳场所时，应去规范管理的游泳池，严禁在池塘、水库等缺乏安全保障的水域活动，下雨时要选择室内游泳场所游泳。

3. 下水前，要充分热身，激活身体肌肉，以免下水后发生肌肉抽筋等问题。水中活动时，严禁互相打闹、跳水等行为，如发生危险，应立即呼救。

4. 执行抗洪抢险任务，作业时，应做好安全防护措施，如穿戴救生衣。

5. 落水后，切忌惊慌，在呼救之后，应有自救意识。在此过程中，要使肢体放松，并保持仰位，露出口鼻，保证正常呼吸，不要手脚乱蹬、拼命挣扎，以免加速沉入水中或缠上水草。呼吸时最好用嘴吸气，用鼻呼气。

6. 实施溺水救援前，首先应客观评估自身能力和水平，不盲目下水救人。

7. 平时加强训练，掌握游泳技能。

知识拓展

溺水者救上岸后，要根据溺水者的状态采取相应的急救措施。

（1）迅速将溺水者拖离溺水现场。

（2）清除口、鼻异物，保持呼吸畅通。

（3）溺水者头低位拍打背部，使进入呼吸道和肺中的水流出（注意时间不要过长）。

（4）如有呼吸抑制，迅速行人工呼吸。

（5）如有心跳停止，立即行胸外心脏按压。

（6）换上干爽暖和的衣服。

（7）尽快转送医院。

第六节　中暑

一、中暑的概念与影响因素

中暑是一种因暴露于高温作业环境，核心体温上升至超出正常代偿范围的急性疾病，其主要表现包括：体温调节中枢功能障碍、汗腺功能减弱和水电解质丧失过多。

一个人是否发生中暑受到多方面因素的影响，有温度、湿度、日照强度等外界环境因素，也有体质强弱、营养状况以及水盐平衡等内部因素，还有高温环境暴露的时间效应等因素。中暑往往发生在身处高温、闷热或阳光直接曝晒环境中的人员，如车间工人、高温作业的农民等。一方面作业环境温度过高，身体从环境中获取热量增加，另一方面作业人员工作繁重、劳作强度大，身体产热会增加，当产热与散热失衡，体温调节功能障碍，就会发生中暑。此外，高温、高湿或强辐射下，汗腺损伤或缺乏者、中枢神经系统或心血管功能下降者以及肥胖者，都易因散热障碍发生中暑。

二、中暑的类型与表现

根据中暑的严重程度，可分为先兆中暑、轻度中暑和重度中暑三种类型（图 3-16）。

1. 先兆中暑 患者往往出现大汗、口渴、头晕、眼花、恶心、呕吐、乏力、心悸、四肢发麻等症状，体温一般不超过 38℃，情况较轻。此时，离开高温区域，及时补充盐水，短时间内可恢复。

2. 轻度中暑 患者可出现面色潮红、皮肤湿冷、脉搏细

图 3-16　中暑表现

弱、血压下降等轻度休克症状和体征，体温一般超过 38℃，情况较重。此时，除了要及时离开高温区域、补充盐水外，还需进行充足的平卧休息（至少 40 分钟），才可恢复。

3. 重度中暑 发生重度中暑时，临床表现为皮肤苍白湿冷、脉搏细速、四肢乏力，出现昏厥或痉挛，体温可正常或达 40℃以

上，情况严重。此时，需尽快处理，若情况进一步加重，可能会有生命危险。

三、中暑的急救

1. **转移环境** 当发现有人中暑时，应立即将其移离现场，避免进一步高温或暴晒环境的作用。

2. **松脱衣物** 中暑人员应采取仰卧位，并将衣扣解开，以促进散热；若衣服被打湿，应立即更换干爽的衣服。

3. **物理降温** 可以用水或者酒精擦浴，帮助中暑人员身体快速降温。如果条件允许，最好用 15 ～ 20℃水来降温。

4. **口服补液** 意识清醒的中暑人员可饮服淡盐水、凉的饮料等解暑。

5. **重症急救** 对情况比较严重的中暑患者，如昏迷、休克者，呼叫"120"电话的同时，可采取心肺复苏术进行急救，直到专业医务人员到来（图 3-17）。

图 3-17　中暑急救

四、中暑的预防

1. 提高防暑意识和救护能力 电力企业每年应为职工开展防暑专题培训。尤其是施工、检修和运行人员，参加培训和救护技能训练，能有效提高其防暑意识和救护水平。

2. 保证充足的睡眠 夏季温度高，人体代谢增加，能量消耗大，易疲劳；且夏季白天长，劳动时间和强度也可能有所增加，保障充足的睡眠是大脑和身体各系统得到恢复的有效途径。

3. 避开高温时段作业 从事露天作业的工作人员，在高温时节，可调整出工时间。如上午 7:00 或 7:30 出工；中午 11:00 或 11:30 收工；下午推迟至 15:00 或 15:30 出工，顺延至 19:00 或 19:30 收工。

4. 适当缩短作业时间 在炎热的夏季，在曝晒环境或者闷热、不通风的车间等环境中，管理人员应缩短作业人员的工作时间。

5. 加强通风和降温 良好的通风和适宜的温度有助于机体产热和散热的平衡。当身处温度高且通风差的环境时，则易发生中暑。因此，在此类环境中应配备通风和降温设施，并且严格遵守准入准则，以保障自身安全。

第七节 冻伤

一、冻伤的概念与影响因素

冰雪天气可能会造成建筑物倒塌、配电线杆塔倒杆或倾斜，造成一定范围内停电，对社会造成很大影响，电力从业人员须顶着恶劣天气进行线路维护和检修。此时，电力工人有可能面临冻伤的风险。冻伤是在低温天气中，缺乏御寒装备或设施时发生的疾病。当机体较长时间受低温刺激时，皮肤血管收缩，血流量减少，进而导致组织缺血缺氧，细胞发生损害，尤易发生在血液循环较差的肢体末端（如手背、足跟、手指、足趾等）。

冻伤与多方面因素有关，其严重程度受到外界温度、风速、湿度以及低温暴露时间和自身局部与全身状态的影响。当全身抗寒能力较弱时，易发生局部冻伤。因此，维持良好的血液循环和增强抗寒能力是防止冻伤的关键。

二、冻伤的识别与分类

冻伤的程度不同，其后果也不同，轻可致皮肤一过性损伤，重可致永久性功能障碍。根据冻伤程度，可分为四度：Ⅰ度为红斑性冻伤，仅在皮肤表皮层；Ⅱ度为水疱性冻伤，延至皮肤真皮层；Ⅲ度为腐蚀性冻伤，深及皮肤全皮层及皮下组织；Ⅳ度为坏死性冻伤，深至肌肉、骨髓。

	伤及层次	局部表现	愈合时间及预后
Ⅰ度	表层	轻度肿胀，红斑损害，稍有麻木痒痛	1周，不会留有瘢痕
Ⅱ度	真皮	水肿，水疱损害，知觉迟钝	2～3周后，可痂下愈合，少有瘢痕
Ⅲ度	全层及皮下组织	由苍白转为黑褐色，可出现血性水疱，知觉消失	4～6周后，坏死组织脱落形成肉芽创面，愈合缓慢，留有瘢痕
Ⅳ度	伤及肌肉、骨骼等组织，甚至肢体干性坏疽	对复温无反应，感染后变成湿性坏疽，中毒症状严重	留有功能障碍或残疾

三、冻伤的现场急救

1. 迅速脱离低温刺激的环境或物体，移至温暖的室内，给予保暖措施。

2. 若在低温环境下，人与物体或衣服粘连，应先用温水溶化，然后再进行分离，以免暴力撕扯时造成皮肤损害。

3. 冻伤部位要保持卫生，必要时涂抹对症的冻伤膏，不可随意处置或者用不明偏方进行治疗，以防感染。

4. 加盖衣物、毛毯，以保温。

5. 尽快去专业医疗机构治疗。

四、冻伤的预防

1. 注意锻炼身体，提高皮肤对寒冷的适应力。

2. 注意保暖，保护好易冻伤部位，如手足、耳朵等处。

3. 通过用冷水洗脸、洗手等抗寒训练，加强抗寒能力。

4. 洗手、洗脸使用温和的洗面奶或香皂，同时，洗后涂抹油性护肤品（如甘油）保持皮肤湿润。

5. 抵抗力较弱的人群（如慢性病患者、老年人、儿童等）加强营养摄入，以提高御寒能力。

第八节　化学灼伤

一、化学灼伤的概念

化学灼伤是指由化学物质直接接触皮肤造成的局部损伤。常见症状为热痛，一旦发生，要立即处理，若处理不及时，可能会引发组织器官坏死，留下灼痕。

二、化学灼伤的分类与危害

1. **酸类灼伤**　硫酸、硝酸、盐酸等强酸物质和乙酸、氢氟酸等弱酸物质均具有刺激性和腐蚀性。它们引起灼伤的途径有两种，一是直接接触皮肤，二是经呼吸道吸入其挥发气体或雾点。当作用于呼吸道时，轻则引发上呼吸道灼伤，重则可发展为支气管炎、肺炎或肺水肿等。

2. **碱类灼伤**　氢氧化钠、氢氧化钾等强碱化学品具有强烈的腐蚀性和刺激作用，它们可通过皂化作用，破坏细胞膜的结构，从而使创面纵向向深层发展。氨水、石灰及电石等弱碱物质也具有一定的刺激作用，其中氨极易挥发，除直接导致皮肤灼伤，还往往伴有上呼吸道灼伤，甚至发生肺水肿。若伤及眼睛，则会导致糜烂，且不易恢复。

3. **其他毒剂类灼伤**　还有引发灼伤的一些其他毒剂，如溴、白磷、酚，也可造成不同程度的损伤。

三、化学灼伤的现场急救

当发生危险化学品灼伤时，要保持镇定，首先脱离危险环境，然后针对化学品的理化性质和损伤部位的特征，进行对症处理（图3-18）。

图3-18　化学灼伤预防

1. 迅速脱离危险环境，并立即用大量清水冲洗，若有衣物覆盖，应设法除去，但切忌不可直接大力撕扯。

2. 若化学物为酸性，则需要用弱碱性溶液（如 2% ~ 5% 碳酸氢钠溶液）冲洗进行中和，然后再用大量清水冲洗。

3. 若化学物为碱性，则需要用弱酸性溶液（如 2% ~ 3% 硼酸溶液）冲洗进行中和，然后再用大量清水冲洗。

四、化学灼伤的预防

为避免化学物质伤害，从事危险品操作人员，需要了解和掌握安全的操作程序，减少接触化学物质的机会，做好防护，尽量避免化学烧伤。如操作时要穿好防护服，保护好眼睛、头面部等。

第九节　常见生物袭击

一、毒蛇咬伤

目前，世界上已知的蛇有上千种，其中毒蛇占到了约五分之一，其中银环蛇、五步蛇、眼镜王蛇等都有剧毒性。一旦被蛇咬伤，短时间即可发病且进展迅速，若救治不及时严重者可死亡。

（一）毒蛇咬伤的现场急救

未知情况下都应按照有毒处理。

1. **脱离**　立即脱离被蛇咬伤的环境，预防再次被咬。

2. **识蛇**　辨识蛇的种类，可确定蛇毒，方便后续的对症治疗。若不认识，可先记住蛇的特征（如形状、颜色等），若方便还可拍照。但不要捕蛇或打蛇，以免发生二次伤害。

3. **解压** 去除压迫受伤部位的物品。

4. **镇定** 咬伤后保持冷静，尽快自救或求救。

5. **制动** 保持稳定，以防毒素加速扩散。坐下休息时要注意放低伤口，最好能够让伤口低于心脏位置。

6. **绑扎** 若四肢被咬伤，可立即使用手边现有的绳索等物，在近心端距伤口 4 ～ 10cm 处进行环形绑扎，并定期放松，大约 20 分钟放松 1 ～ 2 分钟，直至伤口处理完毕（图 3-19）。

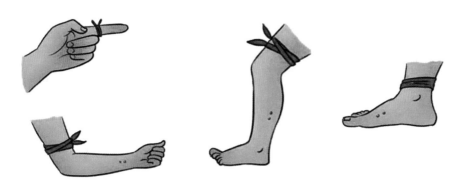

图 3-19 毒蛇咬伤后绑扎部位

7. **冲洗伤口** 立即用淡盐水、肥皂水、1 : 5 000 高锰酸钾溶液或 3% 过氧化氢溶液等冲洗伤口。若没有，则可用大量清水冲洗。

8. **尽快就医** 脱离危险环境后，第一时间拨打"120"电话，及时就医。

（二）毒蛇咬伤的预防

1. 特殊环境下作业时，穿戴好安全帽、防护服、安全鞋，将袖口、裤口系紧，避免皮肤暴露。

2. 经过草丛时，可先用竹竿、木棍等长物进行探路，以达到驱蛇的目的（图 3-20）。

3. 携带驱蛇药或随身携带雄黄、大蒜来预防毒蛇靠近。

4. 夜间走路照明时，也要注意避让蛇，以防毒蛇靠近。

5. 遇到蛇以后，不要捡拾或挑逗，要迅速避开，蛇一般不会随意靠近人类。

图 3-20　毒蛇咬伤预防

二、毒蜂蜇伤

电力行业人员因工作的特殊性，作业范围广、分散、点多，易受媒介昆虫的袭击。昆虫咬、蜇伤后，轻者可出现局部疼痛、肿胀、麻木感、头晕、恶心；重者可因过敏性休克导致死亡。

（一）现场急救措施

蜂蜇伤后可能会出现过敏反应，要随时关注伤员的状况，以避免过敏反应发生时未进行及时救治，从而导致过敏性休克，甚至死亡（图 3-21）。

1. 立即除去毒刺，勿挤压到创口，否则会加速毒液的吸收；也不可用嘴吸取毒液，以防毒液从口腔破损处入血。

图 3-21　蜇伤

2. 蜜蜂毒素为酸性，需用弱碱性溶液（如肥皂水、3% 氨水或 5% 碳酸氢钠液）冲洗损伤部位；而马蜂毒素为弱碱性，需用食醋等弱酸性溶液冲洗。

3. 若局部有红肿、发痒的症状，可外涂药膏，随时观察。

4. 若全身有皮疹、恶心、呕吐等症状，不可再自行观察，应立刻送医。

（二）自我防护

1. 主动学习昆虫咬、蜇伤相关的预防及处理知识与技能，提高防护意识。

2. 进行野外作业前，提前做好防护措施，可通过减少皮肤暴露（如将裤脚、袖口扎紧，上衣扎进裤腰，围好衣领口等），或在暴露部分涂防护药预防被蜇伤。

3. 进行野外作业时，若遭受群蜂袭击，应立即抱头并蹲下，并借用衣服等遮蔽物进行遮挡，尤其是暴露在外的皮肤和头颈部。

4. 野外驻扎时选择干燥、草少的地方，防止毒虫咬、蜇伤。

知识拓展

　　蜂的种类有很多，常见蜇人的有胡蜂、蜜蜂、细腰蜂、丸蜂等，胡蜂俗称马蜂、黄蜂，蜂的腹部后节内有毒腺，与蜂的管状尾刺相通，蜇伤人时射出毒液，注入组织中。蜂尾刺有逆钩，蜇入人体后，会留在局部。

三、猫狗咬伤

　　被猫狗咬伤后，极有可能感染狂犬病病毒，但只要在咬伤早期及时对伤口进行科学处理，一般预后良好；反之则可能危及生命。因此，在被猫、狗咬伤后，要尽快到专业医疗机构进行处理，并及时注射狂犬病疫苗。

（一）现场急救措施

1. **清洗伤口**　用最快的速度脱下或撕开伤处衣物；先挤压伤口排污血，再彻底清洗伤口；就近用流水冲洗伤口 5 ～ 10 分钟，最好对着水龙头急水冲洗；伤口较深时，要注意清洗深处。

2. **暴露伤口**　猫狗咬伤的创口外小内深，冲洗时要先尽量扩大创口再挤压周围软组织，以充分暴露；同时，一般不对创口包扎，使其处于开放状态；但若有个别伤口很大，又伤及血管，需先止血，但一般不采取涂抹药物或包扎等措施，因为狂犬病病毒喜好厌氧条件；然后再用肥皂水、清水依次彻底冲洗，至少 30 分钟。

3. **注射狂犬病疫苗**　被咬伤后应在 48 小时内进行狂犬病疫苗注射，此为最佳接种时间；需要注意的是，早注射比迟注射好，迟注射比不注射好。

分级	接触方式	暴露程度	处理原则
Ⅰ度	有接触，但未受伤： 1. 接触或喂养动物； 2. 完好的皮肤被舔	无	确认接触方式可靠不需处理
Ⅱ度	受伤了，但没出血： 1. 裸露的皮肤被轻咬； 2. 无出血的轻微抓伤或擦伤	轻度	1. 立即处理伤口； 2. 接种狂犬病疫苗
Ⅲ度	出血的损伤或者黏膜接触动物唾液、血液及其他分泌物： 1. 单处或多处贯穿性皮肤咬伤或抓伤； 2. 破损皮肤被舔； 3. 黏膜被动物体液（血液、唾液等）污染	严重	1. 立即处理伤口； 2. 注射狂犬病患者免疫球蛋白或抗狂犬病血清； 3. 注射狂犬病疫苗

（二）急救注意事项

1. 当被咬伤时，应遵循快速、就地、彻底冲洗的原则展开急救，这是能否抢救成功的关键。根据猫狗咬伤的伤口特点进行处置，尽可能地将创口受污的血液和残留猫狗唾液冲洗干净。

2. 一旦伤口出血过多，应先止血，维持正常的血液循环，但不可包扎止血，应设法上止血带，然后立即送至医院。

3. 千万不要忘记冲洗伤口或随便冲洗一下，也不要涂软膏或红药水将伤口覆盖住。否则会助长狂犬病病毒的繁殖。

4. 疫苗接种期间，杜绝吸烟、饮酒、喝浓茶、喝咖啡、吃辣椒等，避免剧烈运动。

四、蜱虫叮咬

电力从业人员在野外检修、巡山时经常被蜱虫叮咬。蜱虫通过将其口器刺入或整虫进入宿主皮肤的方式，吸取人体血液，引发局部皮肤损害。蜱虫叮咬症状一般表现为水肿性丘疹、硬性小结节，严重者为大片红肿或瘀斑，更甚者则可能导致呼吸中枢麻痹，造成无法挽回的后果（图3-22）。

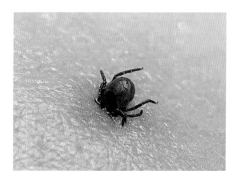

图 3-22　蜱虫叮咬

（一）蜱虫叮咬的现场急救

蜱虫叮咬现场急救的关键是将其从人身上清除。

1. 发现被蜱虫叮咬后，可使用酒精涂抹蜱虫身体，从而杀死或清除附着的蜱虫。

2. 使用尖头镊子取下蜱虫。

3. 可借助高温外物，如烟头等轻烫蜱虫身体，使其自行退出。

4. 不可强硬拉拽，以免对皮肤造成二次伤害或使蜱虫残留。

（二）蜱虫咬伤预防

1. 注重加强自身防护，在野外或林区工作时，提前在皮肤表面涂抹药膏，选择长袖长裤，同时要扎紧腰带、袖口及裤腿等宽松部位，颈部系紧毛巾。完成工作后，应及时更换衣服、洗澡清洁等，以避免携带蜱虫。

2. 喷洒杀虫剂等，以消灭家畜体表或畜舍中的蜱虫，同时保持畜棚禽舍的干净整洁。

3. 保持住所干燥整洁，勤于通风，填补墙缝、洞穴等，定期使用药物喷洒，避免蜱虫滋生。

4. 有明确蜱虫叮咬史者，应注意监测体温变化，及时到专业医疗机构就医。

四不要	两个要
✗ 不要拍打 ✗ 不要强行拔出 ✗ 不要试着捏爆 ✗ 不要用火烧或者其他东西刺激它	✓ 要及时去医院进行处理 ✓ 要自行处理的话，建议用尖头小镊子轻轻地、缓慢地把蜱虫取出来，稳定、用力均匀地向上提拉

五、水母蜇伤

近几年，在海中遭遇海洋生物伤害的案例增多，尤其水母蜇伤的案例更是屡见不鲜，威胁到海上作业人员的安全。作为最为常见的海洋生物伤，水母蜇伤多表现为患者局部或全身中毒症状，甚至死亡（图 3-23）。

图 3-23　水母蜇伤

（一）水母蜇伤的表现

1. **局部症状**　皮肤呈现红、褐或紫色，并伴有烧灼样刺痛、瘙痒等症状。

2. **全身症状**　恶心呕吐、全身乏力、关节疼痛等症状。

3. **可致命征象（过敏性休克）**　表现为可快速蔓延的荨麻疹症状、喉头肿胀、呼吸困难、休克，甚至心搏骤停。

（二）水母蜇伤的现场急救

1. **脱离环境**　保持冷静，迅速离开危险地带。

2. **去除触须**　用醋或海水冲洗后，再用镊子等去除触须；或穿戴好防护手套再行去除，严禁用手直接接触触须或伤处。

3. **抑制毒素释放**　用海水、醋等浸泡或冲洗 15 ～ 30 分钟，抑制激活后的刺丝囊释放毒素；或涂抹剃须膏、苏打膏等，防止未被激活的刺丝囊释放毒素。

4. **剃出刺丝囊**　可用剃须刀，或银行卡等卡类物品。

5. **减轻疼痛和刺激**　经上述处理后，可服用止痛类药物，或选用热水浸泡 20 分钟。

6. **减轻瘙痒过敏症状** 局部瘙痒症状，可以外用具有抗炎、抗过敏的软膏涂抹；如果出现全身症状，可以口服抗过敏药物进行治疗（需在医生指导下）。

7. 严重蜇伤需要包扎，以防止感染。

8. 眼部被蜇伤时，可选用人工泪液冲洗，或使用醋酸浸泡后的毛巾擦拭，但擦拭过程中应避免醋酸流入眼部。

9. 口腔内被蜇伤时，可选用稀释后的醋酸漱口，然后吐出。

10. 出现头晕、恶心、呕吐、昏迷、休克等症状时，要立即进行现场急救处理。

（三）水母蜇伤的预防

1. 海上作业者要带防护工具，不要直接接触水母。

2. 水母在下雨时会自动向海边靠近，因此应避免雨后下海游泳。

3. 遇到水母时，不能用手直接抓或捞取。

4. 禁止在浴场外游泳、玩水，夜间更不宜进入。

第十节 突发事件自救与互救

一、火灾

（一）火灾危害

1. 直接损伤

（1）**烧伤：**火灾现场温度可达 400～1 000℃，火焰或炙热空气造成皮肤灼伤。

（2）**吸入性损伤：**热力及有害、有毒气体造成呼吸道损伤，导致伤员呼吸困难，甚至发生窒息。

2. 次生伤害

（1）**中毒：**现场泄漏的有毒液体、气体，物质燃烧后产生的浓烟通过皮肤、呼吸道进入人体，可对心、肺、神经系统等造成损害。

（2）**坠落伤：**由于采取跳窗、跳楼等不恰当的逃生路径导致的。

（3）**挤压踩踏伤：**公共场所发生火灾时，因缺乏有效组织疏散，受困人员四处奔散、相互冲撞导致的人为损伤。

（二）火势较小时的灭火法

1. 用水法 最常见的灭火法。但以下物品引起的火灾不可用水扑灭：如镁、铝、钾、电石等；易燃液体如汽油、酒精等；灼热的金属；带电设备与电器等（图3-24）。

2. 隔离法 隔离燃烧物与周围可燃或助燃物等，使燃烧停止。

3. 窒息法 封闭燃烧空间，阻止空气流入燃烧区。可

图3-24 灭火

采用沙土、泡沫、浸湿的衣被等覆盖火源。

4. 化学抑制法 喷洒化学灭火剂于燃烧区，促使其中断燃烧。

（三）火势较大时的逃生自救

1. **沉着冷静不慌乱** 火灾发生后，应保持冷静，根据火势及所处位置，选择有利于自救的最佳方案，争取最好结果（图3-25）。

图 3-25　火灾逃生

2. **防烟堵火很关键** 若火势尚未蔓延至所在区域时，应当紧闭门窗，并尽可能堵住缝隙，严防烟火窜入。如果发现门、墙发热，应选用浸湿的棉被进行封堵，并保持棉被湿润，同时，将湿毛巾或其他棉织物等对折3次后捂住口鼻，俯首贴地，设法离开火场。

3. **脱离险境路不同** 如果处在底层，火势不可控制时，可迅速夺门而出。若火势不大或暂未存在坍塌风险时，可借助浸湿的棉被等裹住身体，迅速冲下楼梯。若楼道被大火封住，可借助外墙排水管下滑，或借助绳索等从阳台逐层逃生。

4．求救信号早发出　发现火灾，及时报警，说清火灾详细位置，发生原因及火势大小。若火势太大，暂时不能逃生，可不断晃动鲜艳衣物或敲击盆、锅、碗等，或者晃动打开的手电筒，尽早发出求救信号（图 3-26）。

图 3-26　火灾求救

5．无法逃生紧靠墙　当火势太大，或由于窒息导致丧失自救能力时，应努力靠近墙边，从而便于消防安全人员进行搜找与营救。

6．公共场所要细心　去商场、超市、电影院、宾馆等公共场所时要注意观察并牢记进出口、紧急疏散路线方位与走向。一旦发生火灾，切记要听从现场工作人员指挥。一只手放胸前保护自己，另一只手用浸湿的物体捂住口鼻，有序逃生，但不可乘坐电梯。

（四）火灾受伤急救

1．迅速脱离致伤源　离开火灾现场、烟雾环境。如果被热的液体烫伤，应迅速脱去烫伤处衣物；如果被化学物质烧伤，应先脱去烧伤处衣物，再去清除附着在创面上的化学物质；如果被电烧伤，首先切断电源，并立即对呼吸、心跳停止者进行心肺复苏。

2．冷疗　冷敷、冷水浸泡或用流动水冲洗伤处 30 分钟及以上，可使伤处疼痛明显减轻。

3．若有心跳、呼吸停止，立即进行胸外心脏按压和人工呼吸，同时拨打"120"电话。

4．保护创面，用干净的毛巾、被单等包裹后转送医院。注意不要在创面使用食盐、白酒、酱油、红汞药水、中草药粉等，以免加重疼痛、加深皮肤损伤，同时也妨碍医生评估创面损伤深度。

火灾逃生自救十诀

第一诀　熟悉环境，牢记出口

第二诀　保持镇静，有序外逃

第三诀　慎用电梯，善用通道

第四诀　火已及身，切勿惊跑

第五诀　远离险地，不贪财物

第六诀　简易防护，匍匐弯腰

第七诀　被困室内，固守待援

第八诀　发现火情，报警要早

第九诀　缓降逃生，不等不靠

第十诀　跳楼有术，虽损求生

二、雷击

雷电（闪电）是发生在大气中的剧烈放电现象，具有大电流、高电压、强电磁辐射等特征，多在雷雨云情况下出现。按其发生的空间位置可划分为云内闪电、云际闪电、云空闪电和云地闪电。其中，云地闪电又称为地闪，放电时会产生大量热量，导致周围空气急剧膨胀，从而对人类的活动及生命安全造成

图 3-27　防雷知识学习

较大威胁。雷电多引发人畜伤亡，建筑物损毁，电力、通信等设施系统瘫痪等不良现象，带来严重的人员及经济损失（图 3-27）。

（一）现场急救

1．一旦发现有人被雷击，在确保自身安全的情况下，应立即进行现场抢救，并拨打急救电话。

2．对轻伤者，应立即进行转移。

3．对重伤者，应立即就地抢救：先使其仰卧，再不断进行心肺复苏，直至伤员呼吸、心跳等恢复正常。

4．对于存在假死现象的伤者，应持续进行人工呼吸与心脏按压。

5．对被雷击烧灼处的伤口，可按烧伤处理方法实施相应处理。

（二）雷击预防

在雷雨季节，要预防室内和室外雷击，电力行业人员在野外作业时应预防雷击伤害。

1．**预防室内雷击**　雷雨天，尽量不看电视、不拨打电话、关闭和远离门窗，不靠近暖气和水龙头等金属物体，不洗淋浴，不赤脚站在地上。

2．**预防室外雷击**　雷雨天不要在大树、铁塔、铁护栏和孤立的建筑物下避雨；不要在空旷场地进行训练；远离高压电线；不打手机；在江、河、湖泊、泳池或水池中时，应尽快离开水面。

三、地震

地震是一种突然发生，并会造成严重危害的自然灾害。毁灭性地震可导致严重的人员及经济损失，严重影响人类的生存与发展（图3-28）。

图 3-28　震灾

（一）震灾特点

1. **破坏性强**　严重地震灾害的破坏性极强，往往可导致住房建筑、基础设施等瞬间毁灭，严重影响社会稳定与发展。

2. **伤亡人数众多**　由于地震灾害往往突然发生且无法预测，故多引发重大人员伤亡。

3. **伤情严重复杂**　人员伤害以多发性损伤及挤压伤为主，常涉及全身多系统、多器官。部分伤员还涉及烧伤、电击伤等复合伤等。

4. **继发伤害严重**　可引发海啸、山体滑坡、泥石流等继发性伤害。此外，还可导致灾后传染病的流行。

5. **应激损害和心理障碍**　震灾发生后，幸存者面对一系列打击如亲属伤亡、房屋倒塌、经济损失等，常会出现恐惧、焦虑、抑郁等心理障碍，以及睡眠障碍、发抖盗汗、心慌胸闷等生理反应。

（二）地震发生时的自救

1. **打开门确保出口**　由于地震的晃动会造成门窗错位，因此要将门打开，确保出口。

2. **保护头部，找到可以构成三角区的空间躲避**　地震时的剧烈摇动一般持续约 1 分钟左右，注意保护头部，避开易倒物体；抓住桌腿、床腿等牢固的物体，蹲下或坐下，尽量蜷曲身体，降低身体重心；室内较安全的避震空间有承重墙墙根、墙角或坚固的家具旁；有水管和暖气管道的地方，如卫生间、水房等（图 3-29）。

图 3-29　地震活命三角区

3. **关闭火源**　地震发生时应当立即关闭火源，以防止危害扩大。

4. **躲避室外危险物**　室外遭遇地震灾害时，应当注意围墙倒塌、玻璃损坏、广告牌脱落等状况，同时选择附近空旷场所进行避难。

5. **不使用电梯**　避免使用电梯逃生，若发生地震灾害时恰好位于电梯内，应立即按下全部楼层按钮，待停靠后迅速离开。

6. **备救生袋**　为避免余震灾害，可提前准备好救生袋，以改善所处环境，避免遭受新的伤害。

7. 维持生命　若地震发生后不幸被长时间埋压，且未接收到任何救助信号，应当想方设法维持生命，寻找足够的水和食物。必要时，尿液也可起到补充水分的作用。

（三）地震发生后的互救

1. 争分夺秒　震后救援越及时，被困者获救的希望便越大。据有关资料显示，震后72小时为黄金救援时间，随着救援时间的延长被困者获救的概率逐渐降低。

2. 先救后找、先多后少　应先救治现有的伤员，后寻找潜在伤员，先寻找人员密集之处，后寻找人员稀疏之处（图3-30）。

注意：救援过程中，可通过以下方式判断被埋者具体方位：①借助被埋压人员亲属、邻里的帮助；②贴耳

图3-30　地震互救

倾听伤员呼救、呻吟、敲击器物的声响；③通过露在瓦砾堆外的肢体、衣物等初步判定，后借助相关仪器进行确定。搜救时尤其注意门道、屋角等角落处。一旦确定被埋者具体方位，应立即实施抢救，并避免因盲目图快而引发的不必要伤害。

3. 维护生命　发现被埋压者后，应首先暴露被埋压者头部，并帮助清除其口鼻内的污垢及尘土，以确保呼吸畅通。对于埋压且受伤严重的伤员，应该先清除其周围埋压物，再将其从中抬出，救援过程中切忌强拉硬拖。

4. 注意事项　对伤情严重且埋压时间较长的伤员，被救出后，

应用深色衣物遮挡眼部，以免强光刺激；对怀疑有脊柱或严重骨折的伤员，搬运时应采用硬板或担架方式，切忌人架搬运，以免加重伤情；采用挖掘方式抢救伤员时，应注意避免工具误伤。

四、水灾

（一）水灾的危害

水灾是指因洪水泛滥、暴雨积水或土壤中水分过多而对人类社会造成的灾害，无论是对人民的生命财产，还是对社会经济发展及治安稳定等均带来严重威胁。我国的洪水灾害多发生于每年的4～9月，且整体表现为东部多、西部少，沿海地区多、内陆地区少，平原地带多、高原山地地带少的特点。

（二）水灾的自救互救

1. 沉着冷静，迅速转移

（1）若时间充足，被困者可按预定路线，有组织地向高处转移，如山坡等（图3-31）。

图 3-31 水灾转移

（2）迅速切断电源，避免因设备或电线短路而导致电火灾，同时还应关闭所有燃气阀门。

（3）提前备好老弱病残人员使用的必要用品。

（4）随身携带手机、充电线、充电宝，确保有通信能力。

（5）切忌穿拖鞋或光脚等，以免滑倒受伤。

（6）切忌站到下坡道或汽车后面，以免被车带水撞倒。

（7）切忌开车乱跑，暴雨可导致地面情况被完全掩盖，此时地面积水状况较难判断。

（8）如果汽车熄火且水位继续上升，车门无法打开，应用安全锤砸碎车窗玻璃，弃车逃生。

2. 寻找稳固的高地

（1）水位迅速上涨时，应选择地势较高的广场、坚固的高层公共建筑的2楼以上区域。

（2）仔细观察周围的水情警示牌，以免误入深水区，或掉进排水口。

（3）避免进入建筑物（地铁、过街隧道、地下商城等）地下部分，以免水漫入地下造成伤害。

（4）严禁在桥梁处避险，以免因桥梁坍塌导致二次伤害。

3. 确保个人通信

（1）在户外遇险时，应节约手机用电，确保手机电量可支撑至救援人员抵达，同时确保自己获救后有能力与亲友联系。

（2）在山区遇险时，应避免直接渡河，以免被洪水冲走，同时留意周围潜在风险，如滚石、落石等。

（3）如果有收音机，可以使用收音机收听政府发布的消息。

4. 及时发出呼救信号

（1）当家庭住宅被洪水淹没时，应立即安排家人朝顶楼等高处进行转移，同时还应尽快发送求救信号。

（2）条件允许时，可借助漂浮物转移至安全地带，如竹木等。

5. 寻找或制作简易救生器材　若洪水持续上涨，暂避位置已无法自保时，应充分利用现有器材逃生，或迅速寻找一些可漂浮性材料，如门板、泡沫塑料等逃生。

6. 不要盲目游泳逃生

（1）若已被洪水围困，应尽快求救当地防汛部门，并准确报告被困方位及周围险情。

（2）若已被卷入洪水之中，应尽可能抓住周围固定或可漂浮性物体，同时设法逃生。

（3）严禁攀爬电线杆等带电危险设备，或泥坯房等易坍塌建筑（图 3–32）。

图 3–32　水灾逃生

7. 远离电力设施，谨防触电事故

（1）不要站在树下或树旁，不要靠近广告牌。

（2）远离高压线、高压电塔、变电器等电力设施处，同时远离一切标有供电危险标识的设备。

（3）远离高压线、铁塔倾斜或电线断头下垂处，避免直接触电或因地面"跨步电压"触电。

8. 注意饮食和防疫

（1）洪水消退后，应当协助当地防疫人员做好基本饮食的卫生与疾病防疫工作。

（2）切忌食用生冷食物及动物尸体等，饮用水亦应彻底煮沸。

五、泥石流

泥石流是由于暴雨、山洪等引发的山体滑坡的现象。其中，水流中夹带有大量泥沙、石块顺坡流动，这种灾害性的地质现象主要发生在山区，破坏性极大。

（一）泥石流发生前的征兆

1. 河流水势突增，且夹杂大量树枝、野草等。
2. 深谷或沟内传来巨大声响。
3. 谷深处突然变昏暗，同时伴随轻微震感等。
4. 下游河水突然断流。
5. 山坡地面出现裂缝，或发生局部凹陷。
6. 山坡处建筑发生变形，并表现出一定规律性特征。
7. 水质变浑，或突发渗水、漏水现象。
8. 地下异响，或家禽反常等。

（二）紧急避险和自救

1. 发现存在泥石流迹象时，应当沉着冷静，迅速向高处逃离以寻找安全地带，切忌停留于谷地等低洼处（图 3-33）。

2. 一旦发生泥石流，应迅速向与之垂直方向的高处进行逃生，切忌面向泥石流的流动方向进行逃生。

3. 跑动时，应仔细查看道路是否已表现出塌方迹象，同时留意各类潜在风险，如掉落的石头、树枝等。

图 3-33　泥石流紧急避险

4．逃生时，仅携带必要逃生物品；当已无法逃生时，应迅速抱住身旁固定物体以等待救援；尽量避免在山坡下进行躲避。

5．若发生泥石流时正好位于屋内，应尽快设法逃离，尽量到达开阔地带，以免被埋压。

6．当遭遇泥石流时，应首先保护好头部。

（三）互救

1．一旦发现泥石流，应立即大声呼喊，可用敲盆、吹哨等方式发出警报。

2．在逃离过程中，应照顾好老、弱、病、残、孕者。

3．抢救被埋人员时，应先将滑坡体后缘处积水排干，再从侧面挖掘。切忌于下缘开挖，可能会导致滑坡加速。

六、台风

台风是一种破坏力很强的灾害性天气系统，多发于夏秋季。台风过境时会严重影响日常生活，甚至威胁到人的生命安全。由于台风是在海上生成，登陆时影响沿海乃至内陆地区，因此，台风气象灾害的防御也是最为复杂的。

（一）台风预警信号

台风蓝色预警信号 24小时内可能或者已经受热带气旋影响，沿海或者陆地平均风力达6级以上，或者阵风8级以上并可能持续。	台风黄色预警信号 24小时内可能或者已经受热带气旋影响，沿海或者陆地平均风力达8级以上，或者阵风10级以上并可能持续。	台风橙色预警信号 12小时内可能或者已经受热带气旋影响，沿海或者陆地平均风力达10级以上，或者阵风12级以上并可能持续。	台风红色预警信号 6小时内可能或者已经受热带气旋影响，沿海或者陆地平均风力达12级以上，或者阵风14级以上并可能持续。

（二）台风来临前的准备

1. 及时关注台风信息，随时了解灾情。

2. 检查并关紧门窗，紧固易被风吹动的搭建物，切勿随意外出。

3. 关闭电子设备。

4. 储备食物和饮用水。

5. 及时备好移动电源和手电筒。

6. 检查电路、炉火，确保电源盒插座分离。

7. 转至安全地带。

8. 窗户贴"米"字。

（三）台风来时的避险（图 3-34）

1. 避开广告牌。

2. 避开铁塔。

图 3-34 台风来时避险

3. 远离大树。

4. 禁止水上活动。

5. 禁止帐篷野营。

6. 车辆停放至停车场。

（四）海上作业人员遇台风应采取避航方法

1. 台风附近水域，过往和停留的船舶要尽快返回港口躲避台风，并且加固港口的防风设施，避免船舶搁浅、走锚和碰撞。

2. 船舶未能及时躲避或遭遇台风，要迅速联系陆地相关部门以争取救援。

3. 在等待救援的同时，应做好应急准备，首先应迅速远离台风，避免与台风直接接触，可采取的方法有滞航、迅速穿过、绕航等。

4. 条件允许时，预先在船舶上配备卫星电话和无线电通信机等现代装备。

5. 无通信设备时，如果附近有过往的船舶，或者已经靠近陆地时，应及时利用一切可用物件向对方发出容易被察觉到的求救信号，如光信号等。

（五）台风后应急措施和卫生防疫

台风过后，应继续加强安全防范和卫生防疫。

1. **不要马上返回**　确认危险区已安全，或政府权威机构或部门宣布安全后方可返回。

2. **返回后**　注意进行各项检查。如检查煤气、电路和门窗是否安全。

3. **加强卫生防疫**　台风过后容易发生以下三种疾病：接触性传播疾病、肠道传染病和病媒有害生物导致的传染病。

（1）**接触性传播疾病：**暴雨后，路面积水，水中存在大量病原微生物，双脚与污浊的积水直接接触，容易遭受污水中微生物的侵袭，从而会增加此类疾病的发病率。其中，手足口病、红眼病等最为常见。

（2）**肠道传染病：**暴雨后，地表各种垃圾污染物会随雨水流入饮用水源地，污染水源。蔬菜、水果等易被污水浸泡，食用后极容易发生肠道传染病。

（3）**病媒有害生物：**蚊子、苍蝇等有害生物在洪涝后的污浊环境中大量孳生，同时大量老鼠会集中逃往人群集中场所，因此，病媒有害生物导致的传染病会大大增加。

4. **台风后杜绝疫病的方法**

（1）**勤洗手，讲卫生**

1）尽量不要接触受污染的水体，即使接触后也应尽快用清洁水清洗（图3–35）。

2）不与他人共用毛巾等与皮肤直接接触的物品，避免发生红眼病。

3）勤洗手，饭前便后、触碰不洁净的物品后要洗手。

4）讲究卫生，不用手、尤其是脏手揉眼睛等。

5）保持皮肤干燥清洁，随身携带毛巾用于擦汗，预防皮肤溃烂。

6）避免接触可疑患者。

图 3-35　勤洗手

（2）管住嘴，防"病从口入"

1）避免食用生食、饮用生水，食用剩饭菜前要先彻底加热。

2）避免使用不洁净的水漱口，不用不洁净的水清洗瓜果蔬菜；碗筷在使用前，应煮沸消毒或置于消毒柜中进行消毒；此外，对刀、抹布等也要严格进行消毒。

3）不吃腐烂变质食物，熟食品要有防蝇设备。

4）不要食用淹死或病死的禽畜，也不要食用曾浸泡于污水的食品。

5）避免触碰呕吐物和粪便，如果不小心接触，要立即洗净接触部位；患病者粪便等排泄物要及时地处理。

6）不要随地大小便、随地丢垃圾。

7）出现腹泻症状时应及时就诊、自觉隔离。

（3）防鼠防蚊，环境干净很关键

1）防止食物被老鼠吃或被老鼠的排泄物污染。

2）尽量穿长靴在污水中行走，避免在不洁净的水中洗刷衣物、游泳等。

3）充分利用蚊帐、驱避剂等进行防蚊。

4）清除周围的积水和杂草，并消灭房屋附近的蚊虫，保持环境卫生（图 3-36）。

图 3-36　环境消毒

5）掩埋动物尸体时，要做好个人的防护。

七、海啸

海啸是一种具有破坏性的海水剧烈运动。海底地震是海啸产生的主要原因。海底地震等海底的剧烈运动会引起海底形变，巨大的能量扰动附近水体、激起层层巨浪，从而形成海啸，对沿海居民的生产生活形成巨大威胁。

（一）海啸先兆

1. 地震　地震是海啸来临前最为突出的前兆，地面会突然发生剧烈地震动，位于浅海区域的船只上下颠簸。

2. 海水异常　海水突然暴退或者暴涨，表面涌出大量浓密的白色水泡；位于浅海区域的海面突然变得白茫茫一片，一道道巨浪水墙滚滚而起，铺天盖地般向前推动；大批浅水动物以及深海动物的尸体被抛在水面和浅滩；海洋深处有巨响传来。

3. 预警系统发出警告　附近的海啸预警系统会立即通过媒体发出海啸警告。

（二）海啸的逃生避险

1. 撤离人员

（1）快速远离海边、江河的入海口或海岸线，不去靠近海滩的地方或进入近海建筑里（图 3-37）。

图 3-37 海啸逃生

（2）以最快速度撤离至岸边、地势较高处或内陆。

2. 随波逐流

（1）若未及时逃离，应尽量抓住较大的漂浮物，如床、柜子、树木等。

（2）避免挣扎、游泳等，保存体力，随波逐流，尽可能向人群多的地方靠拢，并想办法求救。

3. 船停外海

（1）避免返回港湾或停靠码头。

（2）将船舶驶向宽阔的外海，或船上人员迅速向港口停泊的船只上撤离。

（3）等待警报解除。海啸一般会持续撞击海岸，时间长达数小时，除非警报解除，切忌在海边欣赏海啸。

（4）逃生避险时，勿贪恋财产或其他物品，切忌因收拾行李而延误逃生时间。

（三）海啸的预防措施

1. 政府建立海啸预警机制，提高预警信号的及时性和准确性。

2. 在海啸来临前，政府会发布预警信号，注意接收信息，抓紧时间做好防御工作。

3. 海啸存在一定的警报期，在此期间进行水上作业的人员，要准备好 72 小时的生活必需品。

4. 提前了解海啸发生时的逃生路线。

八、交通事故

交通事故是车辆驾驶员在道路上因过错或突发意外造成的财产损失乃至人身伤亡的事件。电力行业作业场所分散、车辆集中、管理难度较大，道路交通事故时有发生，预防是关键。

（一）交通事故现场救护原则

1. **排除险情，保证安全** 观察现场是否仍有安全隐患，如存在隐患要尽快设法排除，在确保安全的前提下进入现场实施救援。

2. **设置警示标志** 发生交通事故时要立即停车，打开双闪警示灯，并在行驶方向后面 50 ～ 100m 处放置醒目的警示标志，若在高速公路上，应于行驶方向后面 150m 左右处设置醒目的警示标志。

3. **及时求救** 普通事故及时拨打"122"电话寻求交警的援助，事故若发生人员伤亡还要拨打"120"电话进行急救。如果车辆发生变形导致车内人员无法离开或车辆起火、事故车装有危险化学品等，要拨打"119"电话求助。无论拨打任何援助电话都要说明事故发生的时间、地点以及事故车辆的受损状况，并留下电话和姓名（图 3-38）。

图 3-38　及时求救

4.**保护现场** 维持现场秩序，尤其避免随意搬动伤员，以免加重伤情；同时，要注意保护现场，以便于事故责任认定。

5.**抢救伤员** 争分夺秒抢救伤员，必要时可先将伤员转移到安全地带再进一步救护。

（二）交通事故应急措施

1.汽车即将发生碰撞或失控时

（1）**司机：**紧急制动，减少正面碰撞。相撞瞬间，迅速判断可能撞击的方位和力量。

（2）**乘客：**遭遇险情时，紧抓扶杆等支撑物，保持身体平衡，并迅速低头，利用手臂以及前排座椅的靠背来保护头面部，避免受伤。

2.事故发生后

（1）**轻者：**事故发生后，应立即停车，及时排除险情，并迅速报警；

（2）**重者：**伤情较重者，不要随意活动，条件允许可拨打急救电话，等待专业救援。

（三）交通事故的预防

1.步行要严格遵守交通规则，注意交通安全。

2.开车、骑车都要遵守交通规则，开车不超速，不疲劳驾驶；骑自行车注意安全，平时要注意检修，刹车不灵要及时修理；骑车时注意力集中，不要单手或撒手骑车，拐弯要伸手示意，骑摩托车要戴头盔。

3.禁止酒后开车，开车系好安全带。

九、爆炸伤

爆炸是一种严重的突发事件，根据其爆炸性质可分为物理性爆炸和化学性爆炸。爆炸形成的损伤主要包括冲击伤、烧伤以及辐射伤等，统称为爆炸伤（图 3-39）。

图 3-39　爆炸事故

（一）爆炸伤常见原因

1. 电力电缆火灾爆炸事故　电力电缆的绝缘层由多种可燃物所构成，着火时有爆炸起火的隐患，当电缆起火，还会释放出大量一氧化碳等有毒有害气体。

2. 电气设备爆炸事故　设备在运行过程中产生的热量、电弧以及电流火花是导致电气爆炸的直接原因。此外，电气线路、电动机、油浸式电力变压器等各类电气设备本身存在的缺陷和施工不当等也会引发爆炸。

3. 工业生产爆炸事故　如锅炉爆炸事故。

4. 生活意外爆炸事故　如燃气爆炸事故，包括罐装和管道煤气以及沼气泄漏引发的爆炸等。

5. 其他突发事件　如核泄漏引发的爆炸事故，核泄漏可源于地震后产生的次生灾害。

（二）爆炸伤的类型

1. 爆震伤　是指在距离爆炸中心 0.5 ～ 1.0m 范围外遭受爆炸冲击所受的伤，又称冲击伤，也是各种爆炸伤类型中伤害最强的一种损伤。常见的爆震伤类型包括听器、腹部、肺冲击伤等。

2. **爆烧伤** 是一种冲击伤和烧伤的复合伤，是指在距离爆炸中心 1～2m 内，主要由爆炸释放的高温气体和产生的火焰造成的伤害。烧伤决定了爆烧伤的严重程度。

3. **爆碎伤** 是指人体受到爆炸物的直接作用或爆炸冲击导致人体组织、内脏或肢体发生破裂，不能保持原有的完整形态。

4. **中毒** 爆炸后释放出的烟雾及一氧化碳等有毒物质会导致人体中毒。

5. **冲击波造成的推挤伤** 冲击波将现场人员身体推挤向固定物（如墙等）而产生的损伤。损伤部位以头部和脊柱多见。

6. **碎片冲击伤** 因爆炸冲击产生的飞行碎片造成的损伤。决定碎片冲击伤严重程度的因素有爆炸碎片的距离、飞行速度、形状，以及伤员的防护状况和被击中的部位。

7. **心理创伤** 爆炸伤害通常会在爆炸现场造成大量的伤亡，惨烈的状况冲击人的心理，从而造成心理创伤。

（三）爆炸时现场人员自救互救

1. 发生爆炸时现场人员的自救

（1）**立即卧倒**：在爆炸发生时，如果看到光和闪动，一定不要着急跑，在距爆炸一定范围内的人员要迅速向爆炸点后方卧倒，两只脚朝向炸点，同时一只手在下，另一只手在上，呈环抱状保护好头部。卧倒的姿势可以使身体伏低，避免过多地吸入有毒烟雾，并最大限度地减轻爆炸对身体的伤害（图 3-40）。

（2）**迅速逃离**：在确保短时间内二次爆炸不会发生的前提下，首先确定距离最近的安全通道和出口，选择好时机快速撤离。然后注意避开柱子、墙壁和玻璃所在区域，弯腰低头缓慢前进。在逃生的过程中，保持精神集中，并时刻注意周边环境。

图 3-40　爆炸自救

（3）其他伤害的急救方法

1）衣物着火：爆炸燃烧后容易造成衣物起火，并且一时间很难脱下时，应立即用水或者潮湿物灭火，必要时滚动灭火。切不可惊慌跑动，以免助长火势。

2）出血：爆炸导致的出血，尤其是动脉喷射状出血，必须立即进行止血。止血方法包括压迫止血，以及必要时现场取材做成止血带，采用止血带止血。此外，要保护好伤口，避免污染，注意周围环境，等待救援。

3）窒息：密闭空间内有大量烟雾，可用矿泉水、饮料等浸透毛巾，拧至水不自然流下，捂住口鼻防止烟雾引起的窒息。

2. 发生爆炸时目击者的施救

（1）维护秩序：维护好爆炸现场的秩序，引导受灾人员安全疏散并且快速撤离爆炸现场。

（2）快速呼救：及时拨打"119""120"或"110"电话向消防、医疗或公安进行求救。

1）说明地点：应详细说明爆炸的时间和地点。如果爆炸地点地形、地貌复杂，要告知附近较明显的建筑、门牌号等以便救援人员确认位置。

2）说明险情：应简要说明爆炸的原因和现场需要的帮助。

3）留下姓名：现场报警的人员应当告知自己的姓名以及联系方式。

4）等待救援：可预先前往附近标识明显的地点，等候救援人员并引导前往救援。

（3）**组织灭火：**隔离火源以及重要物资，充分利用爆炸现场可用的消防工具组织救援。

（4）**自救互救：**现场有能力的人应积极协助医务工作者抢救伤员。

（曹春霞　付少波　曹晶淼　陈影　胡云朋　刘涛）

第四章

电力行业人员突发事故安全防护

第一节　防毒

一、毒气的概念

电力行业在生产及运输过程中，极易产生污染或对人身体有害的毒气。产生气体的原因主要取决于发电方式。目前中国的火力发电厂是造成空气污染的一个重要因素。化学毒物会对人体的健康造成长久且不可逆的影响，而吸入，则是其侵入人体的主要途径（图4-1）。

图 4-1　火电厂排放的气体

二、中毒的症状

例如六氟化硫（SF_6）、氮氧化物（NO_x）、臭氧（O_3）等，对人体造成的健康危害及损伤有（图4-2）：

| 头痛 | 恶心 | 呼吸困难 | 虚脱 | 头晕目眩 | 意识丧失 |

图 4-2　中毒症状

1．当人体吸入六氟化硫（SF_6）的浓度过高后，会出现喘息、呼吸困难、皮肤黏膜变蓝和全身痉挛等窒息症状。

2．氮氧化物（NO_x）主要损伤人体的呼吸道，致人患上神经衰弱综合征及慢性呼吸道炎症。

3．毒气会刺激人体的眼睛结膜和呼吸道，引起咳嗽、咯痰和胸部紧束感，且高浓度臭氧（O_3）可引发吸入者患上肺水肿。长期接触可引起严重支气管炎，甚至导致肺硬化。

4．其他疾病，如皮肤干枯、肌肉萎缩，甚至会影响人体发育、致使免疫力降低，诱发癌症等。

三、毒气的安全防护技术

目前市面上的防毒材料主要有隔绝型、吸附型和解毒型三种。

1．**隔绝型**　防毒材料主要是橡胶涂层制品，涂覆在织物表面，阻止化学毒剂侵入。但是此类防毒材料在使用过程中穿着笨重，并且由于不透气，容易使人感到闷热烦躁，因此其用途受到限制。

2．**吸附型**　防毒材料主要是使用具有微细孔隙的物质，如活性炭等，可以吸附毒气、毒液物质。这种防毒服重量轻、透气性好、防毒效果优良，但面对较大的液滴毒剂时，其防护性能较差。

3．**解毒型**　防毒材料主要是利用附着在织物上的化学物质将毒剂通过发生化学反应使之失去毒性，从而达到防毒的目的。

四、毒气的防护装备

1. 防毒面具 防毒面具是 PPE 个人防护用品，用以人体面部防护，特别是呼吸器官，可用于防止毒气、粉尘、细菌、有毒有害气体或蒸汽等有毒物质（图 4-3）。

注意事项：

（1）选择正确的防毒面具。选对面具型号，确认毒气的种类，毒物在现场

图 4-3 毒气的防护措施

空气中的浓度、空气中氧气含量、现场使用温度等。

（2）使用前需检查面具是否有破口、裂痕，一定要确保面具与脸部的贴合密封性。

（3）使用时，将面罩盖住口鼻，保持弹性头带平顺不卷曲，将头戴框套拉至头顶，用双手将下面的头带拉向颈后扣住，每次使用后及时清洁保养。记录累计使用时长，以便及时更换滤毒盒、滤棉。

（4）佩戴时，如闻到微弱的毒气气味或防毒面具出现使用故障时，应该及时采取应急措施，并且必须马上离开有毒区域。

2. 防酸碱防护服（化学防护服） 防酸碱防护服通过浸渍或浸轧工艺再经过高温焙烘，在织物表面形成一层肉眼看不到的保护膜层，使织物的表面张力显著降低，由于液体的表面张力及固 – 液（固体和液体）之间的相互作用，使得酸碱液在织物表面形成珠状，从而在一定的时间内无法或很难渗入到内部，或直接从织物表面滚落。

知识拓展

（1）防护服穿着前一定要做足检查工作，检查防护服的整体密封完整性：如表面是否有污染、缝线处是否有开裂等。

（2）穿戴前去除尖利物，把钥匙等尖锐物之类的挂件从身上取下来，以免在工作中造成防护服密封性的损坏。

（3）取出防护服，由上至下拉开拉链，使衣服松散，绷住脚尖，双腿依次伸入防护服的裤腿中，再上拉防护服，依次将胳膊伸入防护服衣袖中。弯腰整理裤脚松紧，将裤腿整理到最舒适状态。佩戴好帽子，整理到最舒适的状态。将拉链由下至上，依次拉上。在穿戴好防服之后，可通过高举双臂、弯腰和下蹲，检查防护服选择是否合适，灵活性是否有影响。

（4）在工作过程中，要注意当化学防护服被化学物质持续污染时，必须在其规定的防护时间内更换。若现场特殊环境下发现化学防护服破损，应立即更换。

（5）在脱下防护手套前，要避免接触防护服的外表面，手套脱下后尽量接触防护服的内表面，防护服脱下后应当是内表面朝外，将外表面和污染物包裹在里面，避免污染物接触到人体和环境。脱下的防护用品要集中处理，避免在此过程中扩大污染。

第二节 防尘

一、粉尘的危害

粉尘不仅对生产设备造成影响，还会引起人体呼吸系统疾病、皮炎、耳、眼等部位的疾病，若长时间接触高浓度粉尘，存在引发作业人员尘肺病、呼吸系统肿瘤等疾病的可能。当可燃性粉尘在空气中达到一定浓度，还会引起粉尘爆炸事故。因此，强化作业现场粉尘的监测与防护工作，为作业人员创造出良好的工作环境，提高生产安全性，具有十分重要的作用。

二、安全防护技术及措施

（一）工程防护方面

1. **技术优化** 通过改善生产工艺，革新生产设备的措施，实现生产过程的机械化、自动化和密闭化，从根本上减少甚至消除粉尘（图4-4）。

2. **通风除尘** 根据生产设备、工艺流程和厂房结构等条件来设计通风系统以达到除尘的目的，这是当前实际生产中应用最广泛、效果最显著的措施。

图4-4 粉尘防控

3. **湿式防护** 作为简单、经济、有效的防尘措施，可大大减少粉尘的产生和扩散，改善作业环境，比如设置喷雾装置、水力清扫装置等措施。

4. **尘源密闭** 产生粉尘的设备应尽可能密闭，配合局部机械吸风，再经除尘净化处理，以此达到净化空气的目的。

（二）个体防护方面

1. **佩戴呼吸防护用品** 依据粉尘的性质及浓度，佩戴相应防护等级的呼吸防护用品等，且进入粉尘环境中作业时需一直佩戴。

2. **佩戴其他防护用品** 如穿戴相应的工作服、防护眼罩、工帽（头盔）等，尽量不使皮肤暴露在刺激性粉尘环境中。

三、粉尘的防护装备

（一）呼吸防护用品

呼吸防护用品种类众多，按防护原理可分为过滤式和隔绝式；按供气原理和方式可分为自吸式、动力送风式、携气式和供气式；按防护部位可分为半面罩、全面罩、送气头罩、开放型面罩；按呼吸环境可分为正压式和负压。每种呼吸防护用品都有其特定的使用环境，在使用前我们需要了解其功能和特点，以便选择合适的防护用品（图 4-5）。

1. **过滤式呼吸防护用品** 原理是通过借助过滤材料，去除空气中的有害物质。对于一般的粉尘防护，常用的有随弃式防尘口罩、可更换式半面罩等。这两类口罩的指定 APF（防护因数）均为 10，即适用于粉尘浓度不超过 10 倍国家职业卫生标准的场所，否则应使用全面罩或防护等级更高的呼吸防护用品。需要特别注意的是，过滤式呼吸防护用品本身不产生氧气，切不可用于缺氧环境。

随弃式防尘口罩

可换式半面罩

可换式全面罩

动力送风过滤式

长管供气式

携气式

图 4-5　呼吸防护用品

2. 隔绝式呼吸防护用品　原理是将人的呼吸器官与外界有害空气环境进行隔离，靠携带的气源（空气、氧气）或导气管引入作业环境以外的洁净空气以供呼吸，此类防护用品可用于复杂环境。

在 IDLH（立即威胁生命和健康的环境）中，我国标准允许的呼吸防护用品都是 APF（防护因数）最高的一类。

（二）防护眼罩

对眼部的防护，须选择无通风孔的防护眼罩，与脸部的密合性好，镜架耐酸碱。防护眼罩适用于有轻微毒性、刺激性不太强的粉尘环境。如果作业环境毒性较大的复杂情况，应使用防毒全面罩型过滤式或隔绝式呼吸用品（图 4-6）。

图 4-6　防护眼罩

知识拓展

（1）在使用呼吸防护用品时，需认真学习产品使用说明书，并严格按要求使用。

（2）在氧气浓度未知、缺氧（氧气浓度＜18%）、空气污染物和浓度未知环境下，不可使用过滤式逃生型呼吸用品，应使用全面罩正压式的 SCBA 且必须经过专业培训后才可使用。

（3）爆炸性环境中，若选择使用 SCBA，应选择空气型，不可选择氧气型。

（4）逃生型呼吸防护用品，只能用于从危险环境中离开，不能用于进入。

（5）使用半面罩或者全面罩时，需进行适合性检验，选择适合个人的密合型面罩。使用者应先刮干净胡须，佩戴时注意不要将头发夹在面罩与面部之间，影响密合性。

（6）呼吸防护用品的过滤元件都不可水洗，对于可更换过滤元件的，清洗前先将元件取下。

（7）不可将纱布口罩当作防尘口罩使用。

第三节 防噪

一、噪声的概念

噪声是一种以不规则波形方式传播的声音。从环保角度或生理学来说，噪声就是妨碍人们正常工作、学习、休息以及日常生活的污染物。从通信领域讲，噪声就是对信号或系统起干扰作用的随机信号（图 4-7）。

噪声污染已渗透到人们生产生活的各个领域，对暴露人群产生的健康危害主要就是听力损伤。

图 4-7　噪声的来源

二、噪声的安全防护技术

目前根据听力防护设备的作用原理、材质、形状、具体用途不同，可将不同的听力防护设备分为被动降噪和主动降噪两种。

1. **被动降噪**　通过包围耳朵形成封闭空间以实现阻隔外界噪声，或使用深入耳道且紧密贴合耳道壁的耳套，来实现隔音效果。

2. **主动降噪**　需要一种频谱频率与所要消除的噪声完全一样的声音，且相位相反（相差 180°），即可将噪声完全抵消。

三、噪声的防护装备

1. 被动降噪设备（图4-8）

耳塞　　　　　　　耳罩　　　　　防噪声头盔　　　　耳机

图4-8　降噪设备种类

1）耳塞：可插入外耳道内或插在外耳道入口处，适用于115分贝以下的噪声环境（图4-9）。

2）耳罩：形如耳机，装在弓架上罩住耳部，可以衰减噪声的装置。耳罩的噪声衰减量可达10～40dB，适用于噪声较高的环境。

图4-9　耳塞的使用

3）防噪声头盔：将隔音耳罩与安全帽结合，覆盖头部大部分的面积，以防强烈噪声经骨传导而到达内耳，有软式和硬式两种，软式质轻、导热系数小，声衰减量约为24dB，硬式为塑料硬壳，声衰减量可达30～50dB。

2. 主动降噪设备

降噪耳机：原理为环境中的低频噪音（100～1 000Hz）由置于耳中的耳机内的讯号麦克风所侦测，将噪声讯号传至控制电路，再通过Hi-Fi喇叭发射与噪音相位相反、振幅相同的声波抵消噪音的传播（图4-10）。

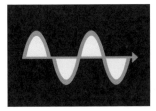
原噪音声波

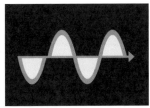
喇叭发出的反向声波

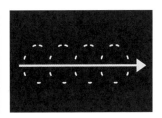
噪音抵消

图 4-10　降噪耳机原理示意图

3. 护耳器　指保护人的听觉免受强烈噪声损伤的个人耳部防护用品。护耳可称作护耳帽或护耳罩，是将整个耳廓罩住的一种防护产品。

第四节　防高温

一、高温作业的概念

高温作业人员是指在高气温或有强烈的热辐射或伴有高气湿相结合的特殊作业条件作业的人群。高温对人体的危害较多，比如可使人体体温及水盐代谢失调、增大循环系统负荷、引起消化系统疾病、加重肾脏负担、降低神经系统兴奋性等。超过一定程度，会引起正常的生理功能障碍而中暑（图4-11）。

图 4-11　高温的危害

二、高温作业的安全防护技术

1. 工程技术措施（图4-12）

（1）**技术创新、设备及工艺提升**：这是改善作业人员处于高温劳动环境的根本措施。例如提高自动化水平，使作业人员远离热源，减轻劳动强度；将设备和管道进行隔热、通风降温处理，以降低作业场所温度。

（2）**通风降温**：主要方式采用自然通风和机械通风。在自然通风不能满足降温的需求时，可采取机械通风的措施。如电厂主厂房，可以采用自然通风与局部机械通风相结合，以降低工作环境温度。

2. **个体防护**　根据不同的工种需要，穿戴热防护服、白帆布类隔热服、隔热阻燃鞋、防强光、紫外线或红外线护目镜或面罩等防护用品。

3. **保健措施**　高温作业时，工作单位应提供防暑饮品（如保健饮品、开水、茶、清凉饮料等），作业人员每天应以少量多次的方式，补充适量的水分和盐分。

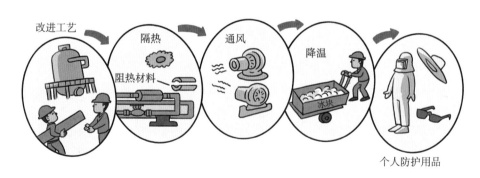

图4-12　高温安全防护技术

三、高温的防护装备

1. **热防护服** 高温作业人员的工作服，应具备耐高温、导热小、透气性好，最好是宽大而又不妨碍操作的。在辐射热强、易高温烫伤作业场所中，可采用铝箔型工作服，这类防护服一般能够反射掉 70% 以上的热辐射。此外，防护服还须具备阻燃性、拒液性、燃烧时无熔滴产生、遇热时能够保持服装的完整性，另外还需兼具穿着舒适性等特征。

2. **隔热阻燃鞋** 鞋面一般采用铝箔耐高温面料、芳纶面料等阻燃材料制成，具有耐高温、阻燃、隔热、防滑、防穿刺等特性，保护足部不受伤害，具体的适用环境需按照产品说明来进行选择。

3. **防强光、紫外线、红外线护目镜或面罩** 紫外线辐射度过强，人体易发生电光性眼炎，轻则引起双眼不适，轻微灼烧感，重则出现畏光、视线模糊、角膜上皮剥脱等症状。较强的红外线则可对人体皮肤和眼睛造成伤害，引起疾病，比如接触炉火高温的车间工人易患热性白内障。因此，在户外及锅炉等高温作业环境的人员，需佩戴相应防护功能的护目镜或面罩，保护眼睛。

第五节 防工频电场

一、工频电场的概念

工频电场主要发生在输变电设施工作环境下。产生于邻近输电线路或电力设施的周围环境中的工频电场属于低频感应场。在自然环境中，人体无法长时间暴露在高压静电场中。例如日常生活中，高压交流输电线路在运行时极易产生工频电场，且电场强度随电压等级的提高而增大，随导线距离的增大而减小。而人体在强工频电场中会感受到风吹、异声异响和针刺感等不适症状。

二、工频电场的危害

工频电磁场辐射对人体的危害归属于极低电磁场辐射的范畴，主要以电场辐射形式作用于人体。对生物体的表现作用主要呈现为热效应和非热效应两种。对长期在工频电磁场辐射环境下的从事维修、巡检等作业人群调查发现，他们的神经衰弱症候群的发病率普遍增加。长时间接受较低强度射频辐射，可逐渐引起慢性辐射综合征的若干表现，一般为某些生理功能紊乱，也可能会有生化等病理性指标的变动。其中，反应最敏感和最常见的表现是对神经系统的影响，神经衰弱综合征如头痛、头昏、疲劳、乏力、睡眠障碍和记忆力减退，此外还伴有手足多汗、胸闷、心悸、心前区不适和疼痛等症状（图4-13）。

图4-13　工频电场

三、工频电场的安全防护技术

1. **纤维材料复配技术**　高压静电防护面料的开发目标是达到"高屏蔽、低电阻、吸湿速干、舒适性"等特性。因此，产品除了具有优异电学性能外，同时对面料服用舒适性（吸湿速干性）以及机械性能有一定的要求，充分发挥多种纤维协同效应。

带电作业屏蔽面料的开发目标是达到"高屏蔽、低电阻、高载流能力以及永久阻燃性"，因此，产品除了具有优异电学性能外，同时对阻燃性能进行研究，要优选阻燃纤维。

2. **产品紧度、组织结构设计** 从电学性能方面考虑，纱支、密度、组织结构对电阻、屏蔽性及其耐洗涤性有影响，织物紧度越大、组织循环越小，其电阻、屏蔽效率越好。用不同纬密与不同细度的经、纬纱配合时，织物的透气性随经、纬密度的增加与经、纬纱细度的减少而降低。同时所选的纱支越粗，织物的耐磨性越好，因此不宜选择太细、密度太大的纱支。

3. **高比例金属纤维纺纱技术** 不锈钢纤维硬、脆，在纺纱过程中容易脆断、脱落，可纺性较差，并且不易牵伸、混合均匀。通过合理优化各工序工艺参数，采取有效的技术措施，成功纺制高比例金属纤维纱线，可作为工频电场防护产品的核心原材料。

四、工频电场的防护装备

1. **带电作业屏蔽服** 又叫等电位均压服，采用匀质的导体纤维材料制成。主要应用于发电厂和变电站的电气设备、架空输电线路、配电线路和配电设备场所等电位作业人员。作业时，人体直接接触高压带电部分，身处高压电场中的人体时常会有危险电流流过的风险，危及人身安全，而处于高压电场中穿着全套带电作业屏蔽服的人体外表面各部位会形成一个等电位屏蔽面，从而防护人体免受高压电场及电磁波的危害（图4-14）。

图4-14 带电作业屏蔽服

2. **高压静电防护服** 主要是为110kV

以上高电压等级的交流输电线路、变电站巡视等特殊作业场景下的作业人员提供个体防护服需求。高压静电防护服采用导电材料与纺织纤维混纺交织成纺织复合材料后通过后整理制备成服装。整套高压静电防护服包括上衣、裤、帽、手套和鞋，能有效防护人体免受高压电场及电磁波的影响（图4-15）。

图4-15　高压静电防护服

知识拓展

（1）进行等电位作业不允许穿高压静电防护服，高压静电防护服与带电作业屏蔽服在纤维含量、纤维燃烧性能、缝制工艺上有着本质区别。

（2）使用前，详细检查服装有无破洞、折损之处。

（3）屏蔽服穿好后，注意整套屏蔽服各部分之间是否连接可靠、接触良好。高压静电服装穿着身上时不能佩戴任何金属物件，衣服要将身体全部遮盖，弯腰的时候不要露出裤腰。

（4）为免挤压造成断丝，服装使用完毕后，将其卷成圆筒形，放在专门的箱子内。洗涤时不得揉搓，在50℃左右的温水中浸泡、漂洗、晾干。

第六节　防电磁场

一、工频磁场的概念

　　输变电设施运行过程中也极易产生工频磁场。电磁辐射是指电磁能量从辐射源发射到空间，在电场与磁场之间以波阻抗联系交变，在空间以电磁波的形式传播的能量流现象。电磁辐射能量的大小与波源的频率有关，频率越高，即波长越短，越易产生电磁辐射并形成电磁波。电磁场是时刻存在的，甚至是电器未工作时，只要它和电源是连通的，短暂的电磁场脉冲（有时被称为瞬时现象）也会发生在电器开、关的一瞬间。磁场可以穿透大部分的物质，很难屏蔽。

二、工频磁场的危害

　　1. 短期效应有头痛、头晕、视力减退、睡眠障碍等神经系统和消化系统症状。

　　2. 长期效应有癌症或遗传性障碍。

　　3. 其他：神经系统症状并伴有食欲不振、脉搏加快和血压偏高等症状，血象有轻微变化。

三、工频磁场的安全防护技术

　　防电磁辐射防护面料优选导电材料，通过导电材料的有机植入，实现防护效能。

　　1. 炭黑型导电纤维技术　炭黑型导电纤维一般采用锦纶、涤纶或腈纶作为载体，纤维颜色多为黑、灰色等，分长丝和短纤两种形式。该纤维根据截面结构形式可划分为皮芯型、海岛型、多点式、单点式等，是目前主流的防电磁防护服材料之一。

2. **金属类导电纤维技术** 金属化合物型导电纤维是采用在纺丝液中添加金属化合物或氧化物来制得的一种白色导电纤维，该类纤维导电性能不及炭黑型导电纤维，但胜在应用不受颜色限制。

3. **无机导电纤维技术** 现有技术较成熟，例如不锈钢导电纤维。可在常规纺织材料中混入该类纤维制成防电磁面料。无机导电纤维耐热、耐化学腐蚀，导电性能好，但可纺性较差、抱合力小，制成细特纤维成本高昂，混纺时织物色泽受限制。

四、工频磁场的防护装备

工频磁场的防护装备是防电弧服（图 4-16）。采用金属类导电纤维技术制备而成，其不因水洗而失效变质，具备永久防电弧性；衣料具有阻燃隔热性能，高温时服装纤维会膨胀变厚，增加热源与人皮肤之间的防护屏障，使灼伤的程度降至最低，电弧防护服装的材料在高温或火焰中不会熔融、滴落，当脱离火源时会自动熄灭；衣料不会在高温条件下爆裂。

图 4-16　防电弧服

知识拓展

（1）防电弧服在遇到危险品、毒气、病毒等生化物、放射物、不明气体和液体的特殊情况下，禁止单独使用，应配合其他相应专业防护衣一起使用。

（2）防电弧服只能对头部、颈部、手部和脚部以外的身体部位进行适当保护，所以在易发生电弧危害的环境中，必须和其他防电弧设备一起使用，如防电弧头罩、绝缘鞋等装备，不得随意将皮肤暴露在外面，以防事故发生时通过空隙而造成事故。

（3）防电弧服应存放在干燥通风处，不得与有腐蚀性物品放在一起。

（陈太球　李娟　周永洪　李振　韦红莲　赵艳艳　刘鑫）

第五章

电力行业人员典型事故案例分析与防范

第一节　重大电力施工平台坍塌事故

一、基本情况

（一）事故经过

某发电厂二期扩建建设重点工程，其建设规模为 $2 \times 1\,000\text{MW}$ 发电机组。其中，2 号、3 号机组冷却塔的建筑和安装部分正在施工，除电力成套设备已安装完成外，正在对辅助设备、冷却塔和烟囱进行建设，建设部分可分为 A、B、C、D 四个标段。

2 号冷却塔于 5 月 11 日开工建设，5 月 12 日开始基础地基与土方挖掘，9 月 19 日完成主塔的浇筑，10 月 21 日开始主塔的筒壁混凝土浇筑。事故发生时，已浇筑完成第 32 节筒壁混凝土，高度为 58.3m。

11 月 18 日 6:00，施工的混凝土班组和钢筋班组先后完成第 24 节混凝土浇筑和第 25 节钢筋绑扎作业，离开作业面。随后，木工班组共 21 人先后上施工平台，分布在筒壁四周施工平台上拆除第 24 节模板并安装第 25 节模板。此外，连接平桥上有 2 名平桥操作人员和 1 名施工升降机操作人员作业。

7:33，2 号冷却塔第 24 ～ 25 节筒壁沿圆周方向向西南两侧倾塌，平桥晃动、倾斜后整体向东倒，此时在平桥以及施工平台的作业人员随模架和坍塌筒壁一起坠落，坍塌事件约持续 18 秒。

事故直接原因：经调查认定，事故的直接原因是施工单位在 2 号冷却塔第 25 节筒壁混凝土强度不足的情况下，违规拆除第 24 节模板，致使筒壁混凝土不足以承受上部 25 节筒壁的重量，同时失去模板支护，造成从底部薄弱处断裂坍塌，坠落的操作台冲击底部的筒壁内侧，导致连接平桥与上部筒壁整体坍塌。

（二）人员伤亡和经济损失

事故导致 5 人死亡（其中包括 3 名筒壁作业人员与 2 名设备操作人员），23 人被掩埋，其中 15 人伤势较重，出现不同程度的挤压伤与穿刺伤；8 人伤势较轻。核定事故造成直接经济损失约为 10 000 万元。

二、事故危害因素分析

电力施工平台坍塌事故发生后，主要存在三方面的危害因素：

1. **节筒混凝土壁坍塌** 事故发生后，平台筒混凝土壁出现坍塌，造成大量施工与作业人员被埋压，现场救援需要挖掘机、吊车、铲车等重型机械设备进行挖掘与埋压人员搜救。

2. **化学毒物泄漏** 在平台底部有二氧化硫与硫化氢危化品存储仓库，由于平台坍塌侧与危化品存储仓库不在一侧，坍塌未直接引起危化品的泄漏，但在搜救与救援的过程中存在很高的泄漏风险。

3. **现场粉尘** 在平台坍塌的瞬间将产生大量的粉尘，同时重型机械设备在埋压人员搜救过程中也会产生大量的粉尘，这些粉尘包括水泥粉尘、渣尘、石灰石粉尘等，可能对埋压和搜救人员造成多次持续的危害。

三、前期应急处置情况

11 月 18 日 7:43，市公安局 110 指挥中心接到施工公司现场人员报警，称某发电厂二期扩建工程发生整体坍塌事故，至少 10 人被掩埋，形成大量粉尘。110 指挥中心立即将接警信息通知市政府应急管理办公室、市公安消防大队、急救中心等单位和部门。

8:07，市政府应急管理办公室通报市委市政府，其主要负责同志立即调派公安、安全监管、医疗、交通等单位携带挖掘机、吊车、铲车等重型机械设备赶赴现场处置。

9:03，政府相关负责同志现场了解情况并掌握初步伤亡情况后，反馈应急指挥中心，并迅速启动省级安全生产事故灾难应急预案。

9:13，市政府值班室向省政府值班室报告事故信息。

9:30，国家安全生产应急救援指挥中心调度省矿山救护总队、周边各市矿山救护队及部分安全生产应急救援骨干队伍携带无人机、生命探测仪、搜救犬、破拆及发电等设备参加救援。

10:30，省政府主要负责同志抵达事故现场，对人员搜救等工作作出安排，决定成立事故救援指挥部，由省政府相关负责同志担任救援指挥部总指挥，救援指挥部下设现场救援、医疗救治、新闻发布、后勤保障等 7 个小组。

四、事故现场急救情况

（一）现场埋压人员搜救

救援指挥部调集 1 000 余人参加现场救援处置，调用吊装、破拆、无人机、卫星移动通信等主要装备、车辆 30 余台套及 6 只搜救犬。救援指挥部通过卫星移动通信指挥车、4G 单兵移动通信等设备将现场图像实时与国务院应急办、公安部、安全监管总局、省政府联通，确保了救援过程的精准研判和科学指挥。

救援指挥部将事故现场划分为东 A 区、东 B 区、南 A 区、南 B 区、西区、北 A 区、北 B 区 7 个区，每个区配置 2 个救援组轮换开展救援作业，救援人员采取"剥洋葱"的方式，先用搜救犬和生命探测仪对负责区域进行快速搜查，确定安全区域后用挖掘机起吊废墟，牵引移除障碍物，随后每清理一层就用雷达生命探测仪和搜救犬各探测一次，全力搜救被埋压人员。

部分被困者所在位置空间狭小，大型机械无法展开作业，消防指战员只能使用手动扩张器材进行救援。消防指战员不顾天气闷热，克服身体劳累，连续作业。在救援过程中，被困者求生意识强烈，伴随埋压物挤压造成的不适感，情绪较为激动。救援人员一边耐心安抚被困者，一边加快救援进度，争分夺秒实施救援。

搜救出埋压人员后应当按照通气、止血、包扎、固定、搬运的流程进行救治，必要时需开展心脏停搏后的心肺复苏。各流程的主要操作步骤如下：

1. **通气术**　主要在发生呼吸道阻塞后，使气道通畅的简易方法，如手指掏出口腔异物、仰头举颏法等。

2. **止血术**　主要用于头面部和四肢大血管出血时的指压止血和止血带止血的方法。失血是导致现场死亡的主要原因之一，也是现场急救的主要目的，只有有效地控制失血，才能为院内救治争取时间。

3. **包扎术**　主要用于重要部位如头、胸、腹、四肢损伤时的包扎方法，以减少出血和避免污染为目的，为后续抢救争取时间。

4. **固定术**　主要用于脊椎、四肢发生骨折后的固定方法，以减少疼痛和避免继发损伤为目的。

5. **搬运术** 主要用于脊椎骨折时的搬运方法，以减少因搬运造成的继发性神经、血管损伤。

6. **心肺复苏术** 主要用于心搏骤停后进行胸外按压和人工呼吸，为院内救治争取时间。

详细方法与技术可参考本书第二章内容。

（二）现场危化品处置

现场主要存在二氧化硫与硫化氢两种危化品。

二氧化硫为无色气体，有强烈刺激性气味，易溶于甲醇和乙醇；溶于硫酸、乙酸、氯仿和乙醚等。潮湿时，对金属有腐蚀作用。二氧化硫主要引起不同程度的呼吸道及眼黏膜的刺激症状。轻度中毒者可有眼灼痛、畏光、流泪、流涕、咳嗽等症状，常为阵发性干咳，鼻、咽喉部有烧灼样痛、声音嘶哑，甚至有呼吸短促、胸痛、胸闷。有时还出现消化道症状如恶心、呕吐、上腹痛和消化不良，以及全身症状如头痛、头昏、失眠、全身无力等。

硫化氢是一种无机化合物，标准状况下是一种易燃的酸性气体，无色，低浓度时有臭鸡蛋气味，浓度极低时便有硫黄味，有剧毒。水溶液为氢硫酸，酸性较弱，比碳酸弱，但比硼酸强。能溶于水，易溶于醇类、石油溶剂和原油。硫化氢为易燃危化品，与空气混合能形成爆炸性混合物，遇明火、高热能引起燃烧爆炸。

针对这两种危化品现场应采取的处置包括：

1. **建立警戒区域** 事故发生后，应根据化学品泄漏扩散的情况或火焰热辐射所涉及的范围建立警戒区，并在通往事故现场实行交通管制。建立警戒区域时应注意以下几项：

（1）警戒区域的边界应设警示标志，并有专人警戒。

（2）除消防、应急处理人员以及必须坚守岗位的人员外，其他人员禁止进入警戒区。

（3）泄漏溢出的化学品为易燃品时，区域内应严禁火种。

2. **紧急疏散**　迅速将警戒区及污染区内与事故应急处理无关的人员撤离，以减少不必要的人员伤亡。紧急疏散时应注意：

（1）如事故泄露的物质有毒时，需要佩戴个体防护用品或采用简易有效的防护措施，并有相应的监护措施。

（2）应向侧上风方向转移，明确专人引导和护送疏散人员到安全区，并在疏散或撤离的路线上设立哨位，指明方向。

（3）不要在低洼处滞留。

（4）要查清是否有人留在污染区与着火区。

注意：为使疏散工作顺利进行，仓库/车间应至少有两个畅通无阻的紧急出口，并有明显标志。

3. **防护**　根据事故物质的毒性及划定的危险区域，确定相应的防护等级，并根据防护等级按标准配备相应的防护器具。

4. **询情和侦检**

（1）询问遇险人员情况，如容器储量、泄漏量、泄漏时间、部位、形式、扩散范围，周边单位、居民、地形、电源、火源等情况，消防设施、工艺措施、到场人员处置意见等。

（2）使用检测仪器测定泄漏物质、浓度、扩散范围。

（3）确认设施、建（构）筑物险情及可能引发爆炸燃烧的各种危险源，确认消防设施运行情况。

五、事故防范措施建议

（一）增强安全生产红线意识，进一步强化建筑施工安全工作

要充分认识到电力与建筑行业的高风险性，杜绝麻痹意识和侥

幸心理，始终将安全生产置于一切工作的首位。各有关部门要定期对重大工程进行检查与监督，督促施工企业严格按照相关法律法规和施工标准作业，设置安全生产管理机构，配足专职安全管理人员，按照施工实际需要配备项目部的技术管理力量，建立健全安全生产责任制，完善企业和施工现场作业安全管理规章制度。

（二）完善电力建设安全监管机制，落实安全监管责任

针对电力行业的施工项目应严格履行项目开工、质量安全监督、工程备案等手续。加强现场监督检查，严格执法，对发现的问题和隐患，责令企业及时整改，重大隐患排除前或在排除过程中无法保证安全的，一律责令停工。进一步研究完善现行电力工程质量监督工作机制，加强对全国电力工程质量监督的归口管理，强化对电力质监总站的指导和监督检查，协调解决工作中存在的突出问题，防范电力质监机构职能弱化及履职不到位的现象。

（三）全面推行安全风险分级管控制度，强化施工现场隐患排查治理

要制定科学的安全风险辨识程序和方法，结合工程特点和施工工艺、设备，全方位、全过程辨识施工工艺、设备设施、现场环境、人员行为和管理体系等方面存在的安全风险，科学界定安全风险类别。要根据风险评估的结果，逐层进行有效管控，对于重大危险源与风险隐患应设置重点监控与管控措施，在施工阶段应设置专人轮换管理，健全完善施工现场隐患排查治理制度，明确和细化隐患排查的事项、内容和频次，并将责任逐一分解落实。

换流站变压器突发事故

一、基本情况

6月2日某地区天气晴好，某电厂换流站500kV交流系统母线七回出线、站用电等设备带电运行正常。±800kV直流系统双极四阀组大地回线全压方式运行，输送功率5 244MW，整体系统运行正常。各设备无异常、无报警，14:30左右3人电力维护人员正开展检修作业。

15:43，主控室监控系统报警，运维人员接收到系统报警的同时听到爆炸声，后台显示在15:43:38，9极Ⅱ低端换流变压器大差速断、星接小差速断保护动作，主监控室监控显示现场作业人员1人倒地昏迷，三人被困操作间，15:43:39，故障换流变压器进线开关跳闸，故障设备和运行系统隔离阀厅火灾报警系统报警，阀厅空调关闭。15:47:14，运维人员手动启动极Ⅱ低端Y/Y-A相换流变压器水喷雾灭火系统。

15:47，运维人员与市119消防指挥中心取得联系，请求救援与协助灭火。

15:49:07，故障换流变压器火势再次变大。

15:49:38，运维人员开始使用消火栓持续对故障换流变器身喷水冷却。

16:05，为配合抢险灭火和保障人员、设备安全，按调度令将直流功率降至600MW。

二、事故危害因素分析

（一）事故的危害因素

1. **人员触电** 根据触电时人体所受伤害程度，触电可分为电伤和电击伤两大类。电伤是由电流的热效应、化学效应、机械效应等对人体造成的伤害，造成电伤的电流都比较大。与电击相比，电伤属于局部性伤害，其危险程度取决于受伤面积、受伤深度、受伤部位等因素。常见的有电弧烧伤、电烙印、皮肤金属化、电光眼等多种伤害。电击伤是最危险的一种伤害，绝大多数的触电死亡事故都是由电击造成的。电击致伤的部位主要在人体内部，可以使肌肉抽搐，内部组织损伤，造成发热发麻，神经麻痹等。严重时可引起休克，甚至危及生命。

触电可因接触的时间、电流的强度、电压高低等不同，有多种多样的临床表现，其中典型的是电击伤和电热灼伤。电击伤：当人体接触电流时，轻者立刻出现惊慌、呆滞、面色苍白，接触部位肌肉收缩，且有头晕、心动过速和全身乏力。重者出现昏迷、持续抽搐、心室纤维颤动、心跳和呼吸停止。有些严重电击患者当时症状虽不重，但在 1 小时后可突然恶化。有些患者触电后，心跳和呼吸极其微弱，甚至暂时停止，处于"假死状态"，因此要认真鉴别，不可轻易放弃对触电患者的抢救。电热灼伤：电流在皮肤入口处灼伤程度比出口处重。灼伤皮肤呈灰黄色焦皮，中心部位低陷，周围无肿、痛等炎症反应，但电流通路上软组织的灼伤常较为严重。肢体软组织大块被电灼伤后，其远端组织常出现缺血和坏死，血浆肌球蛋白增高和红细胞膜损伤引起血浆游离血红蛋白增高均可引起急性肾小管坏死性肾病。

2. **变电站异常可能造成的电离辐射** 发电机、变压器和配电装置等可产生工频电磁场；发电机励磁机产生一定强度的工频电磁场；电气设备运行时还会产生噪声和工频电磁场。需要重点关注的工频电磁场作业岗位包括发电与输电系统的巡检岗位。事故发生后，低端换流变压器大差速断、星接小差速断保护动作，此时可能瞬间产生异常的电离辐射，工频电磁场可引起人体产生复杂的生理效应，如自觉症状、皮肤温度、血压、血清微量元素含量、总胆固醇等。并且对人体的危害还存在一定的强度－效应关系，并且电场磁场的混合作用比单一磁场作用似乎更明显。在工频高压电场区作业人员由于长期受到电场磁场作用的影响会有少部分人出现头昏、失眠、乏力、纳差、多汗、脱发、性欲减退、月经紊乱等自觉症状，即所谓疲劳综合征，但不一定表现为生理生化值的异常。

（二）现场起火

事故现场操作间由于操作不当引起明火，发生火灾的潜在危害因素包括：

1. 直接损伤

（1）**烧伤：**火灾现场温度可达 400～1 000℃，火焰或炙热空气造成皮肤灼伤。

（2）**吸入性损伤：**热力及有害、有毒气体造成呼吸道损伤，导致伤员呼吸困难，甚至发生窒息。火灾时因缺氧、烟气造成的人员死亡达火灾死亡人数的 50%～80%。

2. 次生伤害

（1）**中毒：**现场泄漏的有毒液体、气体，物质燃烧后产生的浓烟通过皮肤、呼吸道吸收进入人体，可对心、肺、神经系统等造成损害。

（2）**坠落伤：**由现场人员慌不择路，采取跳窗、跳楼等不恰当的逃生路径导致的。

（3）**挤压踩踏伤：**公共场所发生火灾时，缺乏有效组织疏散、逃生，受困人员四处奔散、相互冲撞导致人为损伤。

三、前期应急处置情况

15:47 左右，119 指挥中心立即将接警信息通知市急救中心、市政府应急管理办公室等单位和部门。

16:01，市委办公室、市政府应急管理办公室分别向省委值班室报告事故信息。

16:13，市政府相关负责同志了解事故现场伤亡情况后，启动市安全生产事故应急预案。

16:45 左右，第一辆消防车（市公安消防大队某消防站）到达现场救援并开始灭火。

16:56 左右，第二辆大型消防车（水电站消防队）到达现场。16:58 左右，消防车启动消防水枪开始灭火。

17:10 左右，故障换流变压器区域无明显火焰，火情基本得到控制。

17:25—17:35，第三辆消防车（向家坝水电站消防队）使用泡沫灭火。

18:03 左右，确认故障换流变压器无烟无火，明火基本扑灭，运维人员进入极Ⅱ低端阀厅检查，发现故障换流变压器与阀厅间的封堵已被破坏，阀厅内烟雾较浓但无明火。

19:20 左右，运维人员登上相邻换流变压器检查故障换流变压器状况。

21:03 左右，消防人员从极Ⅱ低端阀厅对故障换流变压器持续喷水降温。

四、事故现场急救情况

（一）现场触电人员急救

1. 脱离电源　触电者迅速脱离电源的方法一般有两种：一是立即断开触电者所触及的导体或设备的电源；二是设法使触电者脱离带电部分。救护触电者脱离电源时应以遵守"保护自己，救护他人"的原则。现场为低压触电营救情况，如果电源开关离救护人员很近时，应立即拉掉开关切断电源；当电源开关离救护人员较远时，可用绝缘手套或非导电棍棒将触电人员与电源分离，如导线塔在触电者的身上或压在身下时，可用干燥木棍及其他绝缘物体将电源线挑开。

2. 转移触电者　通常在将触电者安全脱离电源后，应将其进行转移，并迅速将脱离电源的触电者移至通风、凉爽处，使触电者仰面躺在木板或者地板上，并解开妨碍触电者呼吸的紧身衣物（如松开领口、上衣、裤袋、围巾等）。触电急救一般应在现场就地进行。只有当现场继续威胁着触电者或者在现场施行急救存在很大困难（如黑暗、拥挤、大风、下雨、下雪等）时，才考虑把触电者抬到其他安全地点。

3. 医生到来之前的应急措施　无论触电者的状况如何，都必须立即请医生前来救治。在医生到来之前，可迅速实施下面的急救措施：

（1）如果触电者尚有知觉，但在此之前曾处于昏迷状态或者长时间触电，应使其平躺在木板上，盖好衣服。在医生到来之前，保持安静，持续观察其呼吸状况，测试脉搏。

（2）如果触电者的皮肤严重灼伤时，必须先将其身上的衣服和鞋袜特别小心地脱下，在灼伤部位覆盖消毒的无菌纱布或消毒的洁净亚麻布，包扎好灼伤的皮肤。

（3）如果触电者已失去知觉，但仍有平稳的呼吸和脉搏，也应使其平躺在木板上，并解开他的腰带和衣服，保持空气流通和安静。

（4）如果触电者呼吸困难（呼吸微弱、发生痉挛、发现唏嘘声），则应立即进行人工呼吸和心脏按压。

（5）如果触电者已无生命特征（呼吸和心脏跳动均停止，没有脉搏），应立即采用心肺复苏法进行抢救。

（二）火灾受伤急救

1. 火灾逃生自救

（1）**沉着冷静不慌乱**：遇到火灾不要惊慌失措，根据火势和所处位置选择最佳自救方案，争取最好结果。

（2）**防烟堵火很关键**：当火势尚未蔓延到个人所在位置时，关紧门窗，堵塞缝隙，严防烟火窜入，同时，用折成8层的湿毛巾或其他棉织物捂住嘴鼻，俯首贴地，设法离开火场。

（3）**脱离险境路不同**：如果处在底层，火势不可控制时，就迅速夺门而出。较低楼层，如果火势不大或没有坍塌危险时，可裹上浸湿的毯子或被子，快速冲下楼梯。如果楼道被大火封住，可顺外墙排水管下滑或者利用坚韧的绳子从阳台逐层逃生。

（4）**求救信号早发出**：发现火灾，及时报警，要说清火灾具体位置，什么东西着火和火势大小。若火势太大，暂时不能逃生，可不断晃动鲜艳衣物或敲击盆、锅、碗等，或者晃动打开的手电筒，尽早发出求救信号。

（5）**无法逃生紧靠墙**：当火势太大，或者被烟气窒息失去自救能力时，应努力到达墙边，以便于消防人员寻找、营救。

2. 火灾受伤急救

（1）**迅速脱离致伤源：**离开火灾现场、烟雾环境。如果被热的液体烫伤，立即脱去被热液浸湿的衣服。如果被生石灰、磷等化学物质烧伤，先将浸有化学物质的衣服脱去，清除创面上的化学物质。如果被电烧伤，首先切断电源，对呼吸、心跳停止者，立即进行心肺复苏。

（2）**冷疗：**冷敷、冷水浸泡或用流动水冲洗伤处30分钟，可使伤处疼痛明显减轻。

（3）若有心跳、呼吸停止的情况，立即进行胸外心脏按压和人工呼吸，同时拨打"120"电话。

（4）保护创面，用干净的毛巾、被单等包裹后转送医院。注意不要在创面使用食盐、白酒、酱油、红汞药水、中草药粉等，以免加重疼痛、加深皮肤损伤，同时也妨碍医生评估创面损伤深度。

五、事故防范措施与建议

（一）定期开展事故隐患排查治理

督促制造单位对已投入使用的故障同类型套管全面开展隐患和缺陷排查治理，研究改进载流结构，制定并落实整改方案，提升载流结构可靠性，彻底消除同型套管事故隐患，进一步提高换流变压器水喷雾系统灭火效率。组织设计单位开展套管封堵耐火极限和防爆性能研究，制定提升改进方案，提高封堵耐火极限和防爆性能。

（二）加强电力从业人员的急救知识掌握与应急处置能力

针对电力从业人员，定期开展专业急救知识的学习与实操，从理论上掌握各类电力行业突发事件的急救知识与处置步骤，开展典型事故案例的演练，从实操的角度让从业人员掌握突发事件处置方法和步骤。定期开展理论与实践的考核，考核达标方可上岗。

（三）加强设备选型管理

电网设备是电网系统安全稳定运行的基础，电网设备质量是电网安全可靠运行的保障。特高压换流变压器是直流工程中最重要的设备，其套管、成型绝缘件等是制造重点和难点。针对本次事故暴露出的特高压换流变压器套管存在设计缺陷问题，要进一步加强电网设备选型，高度重视电网设备及材料的质量，加强设备质量管理、供应商资质能力核实、设备质量分析等工作，严把设备质量关，杜绝存在类似缺陷的设备进入电网系统。

（四）提高直流设备运维管理水平

进一步加强掌握相关设备运维规律，提高对设备的运维水平。加强监控监测系统的巡视检查和维护工作，定期开展系统时钟校对，为生产经营活动提供即时信息，同时对现有监测盲区（盲点）采取监测手段或增设监测设备。针对现有检测手段无法及时发现套管内部深层次隐患的问题，协同科研、制造单位研究探讨套管在线监测技术，进一步通过完善设备状态监测等先进手段，提前掌握具有倾向性和苗头性的设备缺陷。

（樊毫军　卢鲁　董文龙　舒彬　丁美荣　李季）

参考文献

[1] 金泰廙，王祖兵．化学品毒性全书 [M]．上海：上海科学技术文献出版社，2019．

[2] 彭开良，杨磊．物理因素危害与控制 [M]．北京：化学工业出版社，2006．

[3] 李智民，李涛，杨径．现代职业卫生学 [M]．北京：人民卫生出版社，2018．

[4] 王祖兵．中毒事件处置及案例剖析 [M]．上海：同济大学出版社，2019．

[5] 孙贵范．职业卫生与职业医学 [M]．北京：人民卫生出版社，2014．

[6] 岳茂兴．灾害现场急救——新理念新模式新疗法 [M]．北京：人民卫生出版社，2018：46-60．

[7] 宋斌，郭建斌，罗志勇．院前急救实用手册 [M]．北京：人民军医出版社，2016：182-196．

[8] 王振杰，何先弟，吴晓飞．实用急诊医学 [M]．北京：科学出版社，2016：18-24．

[9] 李宗浩．紧急医学救援 [M]．北京：人民卫生出版社，2013：61-77．

[10] 卢英杰，李晓华，于君．标准化伤员 [M]．北京：科学技术文献出版社，2018：83-103．

[11] 何有力，余耀平．急诊医学 [M]．武汉：华中科技大学出版社，2020：8-17

[12] 刘凤奎，王琳，李伟生，等．全科医师急症手册 [M]．北京：人民军医出版社，2012：426-437．

[13] 广州市红十字会，广州市红十字培训中心组织．电力行业现场急救技能培训手册 [M]．北京：中国电力出版社，2011．

[14] 国网新疆电力有限公司培训中心．电网企业员工自救互救应急手册 [M]．北京：中国电力出版社，2020．

[15] 侯世科，樊毫军．全民防灾自救知识读本（中国灾难医学初级教程）[M]．武汉：华中科技大学出版社，2020．

[16] 刘中民．图说灾难逃生自救丛书 [M]．北京：人民卫生出版社，2019．